国家职业资格培训教程

印染烧毛工

印染工种培训教材编写委员会　组织编写
冯开隽　编著

中国纺织出版社

内 容 提 要

本书按照国家职业标准对印染烧毛工应掌握的工艺技术与操作技能作了明确而恰如其分的阐述,烧毛工通过学习消化本书的内容,能完全胜任印染烧毛工种不同等级的技术操作。

本书将印染烧毛工分为三等,即初级工、中级工和高级工,从刚进厂分配到烧毛机工作开始,经过初级工培训,掌握最基础的工艺技术与操作技能;再经过中级工技术培训,则能胜任中级工的工艺技术与操作技能;最后经过高级工技术培训,则能全面掌握烧毛机所有的工艺技术与操作技能,全面胜任高级工的全部工作。

本书是印染技术工人规范性的上岗培训教材,也可供印染企业管理人员参考。

图书在版编目(CIP)数据

印染烧毛工/印染工种培训教材编写委员会组织编写;冯开隽编著. —北京:中国纺织出版社,2011.8
国家职业资格培训教程
ISBN 978-7-5064-7627-0

Ⅰ.①印… Ⅱ.①印… ②冯… Ⅲ.①染整—技术培训—教材 ②烧毛—技术培训—教材 Ⅳ.①TS1
中国版本图书馆 CIP 数据核字(2011)第 131984 号

策划编辑:冯 静 责任编辑:于磊岚 责任校对:楼旭红
责任设计:李 然 责任印制:何 艳

中国纺织出版社出版发行
地址:北京东直门南大街6号 邮政编码:100027
邮购电话:010—64168110 传真:010—64168231
http://www.c-textilep.com
E-mail:faxing@c-textilep.com
三河市华丰印刷厂印刷 三河市永成装订厂装订
各地新华书店经销
2011 年 8 月第 1 版第 1 次印刷
开本:880×1230 1/32 印张:5.5
字数:105 千字 定价:32.00 元

凡购本书,如有缺页、倒页、脱页,由本社图书营销中心调换

前　言

受国家人力资源和社会保障部及中国印染行业协会的委托,以上海印染行业协会为主,会同嘉兴职业技术学院和山东华纺股份有限公司,按照《国家职业标准》的内容和要求,编写了这套印染工种培训教材。

《国家职业标准》中印染工种分为坯布检查处理工、印染烧毛工、煮练漂工、印染丝光工、织物染色工、印染烘干工、印染定形工、印染染化料配制工、印花工、印染雕刻制版工、印染洗涤工、印染工艺检验工、印染后整理工和印染成品定等装潢工共十四个工种。一个工种编写一本教材,共十四本。每本书一般分为上、中、下三篇。上篇为基本要求,是按初中文化程度,针对初级工的要求编写的基础知识及共同要求的职业道德;中篇为初级工、中级工和高级工的工作要求;下篇为技师和高级技师的工作要求。

本套培训教材是按《国家职业标准》的要求编写的,同以往的教材相比其特点是:第一,分工种单独编写;第二,同一工种又分为初级工、中级工、高级工,有些工种还有技师、高级技师,级别分为3~5级;第三,高级别的内容和要求涵盖低级别的内容和要求,每本书前后的内容不重复。

编写本套培训教材时掌握的原则是:第一,以《国家职业标准》为准绳,尽量不超越、不降低要求;第二,总体策划、基本格式统一;第三,在工艺、设备等内容的选择上以量大面广,有其普遍性和代表性的工艺、设备为重点；第四，正确处理技术中的先进和过时、新与老的关系，既要注意印染生产技术发展的趋势，编入一定比例的比较成熟的新技术，又要注意印染技术发展的连续性，对滚筒印花、照相雕刻、码布机等所谓过时技术不是简单摈弃，而是作一般性介绍；新工艺、新材料、新设备和新技术"四新"方面的内容，在编写时多出现在"相关知识"部分。

本套培训教材的执笔者都是从事印染技术的专业人员、管理人员及职业技术学院的专业教师，曾担任过印染企业的厂长、总工程师、技术科长、车间主任及技术学院的讲师工作，有较深的理论基础和丰富的生产实践经验，既懂技术又懂管理。在编委会的统一策划下，执笔者的分工是：李淼官：《坯布检查处理工》、《印染烘干工》；冯开隽：《印染烧毛工》、《煮练漂工》、《印染丝光工》；嘉兴职业技术学院染色工编写组（戴桦根主编）：《织物染色工》；胡平藩、姚江元：《印染染化料配制工》；钱灏、唐增荣、李良彪：《印花工》；钱灏：《印染洗涤工》；李介民：《印染后整理工》、《印染工艺检验工》；王中夏、叶志行：《印染雕刻制版工》；夏美娣：《印染成品定等装潢工》；刘跃霞：《印染定形工》。书中"职业道德"、"安全知识"和"相关法律、法规知识"等通用部分由中国印染行业协会印花技术专业委员会姜晓烽执笔。全书的策划、统稿和审稿为陈良田、王祥兴。上海印染行业协会名誉会长潘跃进一直关心支持该项工作，多次组织编写人员学习《国家职业标准》以及相关政策要求，策划了本套培训教材的基本结构、文本格式要求和写作方法等。本套培训教材编写过程中还一直受到中国印染行业协会和中国纺织出版社的指导；同时也一直得到上海中大科技发展有限公司的帮助和支持，常务副总裁朱光林多次参与研讨工作。

这套印染工种培训教材尽管以《国家职业标准》为准绳，按其内容和要求进行编写,但对工种的分级内容、深度和广度的把握上还难以精准,肯定有不适之处。新时期的印染生产活动,按工种分 3~5 个级别编写培训教材,同以往按岗位的应知应会培训有明显不同,此举可说是首创或新的探索,不足之处甚至错误实为难免,望谅解。

陈良田
2011 年 5 月

国家职业资格培训教程
印染工种培训教材编写委员会

主　任：孙晓音
副主任：邢惠路　潘跃进　陈志华　奚新德
主　编：潘跃进
副主编：陈良田　王祥兴
委　员：朱光林　周晓朴　林　琳　冯开隽　胡平藩
　　　　　姚江源　钱　灏　唐增荣　李良彪　叶志行
　　　　　王中夏　李介民　李淼官　夏美娣　姜晓烽
　　　　　戴桦根　刘跃霞　朱建华

目 录

上篇 基本要求

第一章 职业道德 …………………………………………… 1
第一节 职业道德基本知识 ………………………………… 1
第二节 职业守则 …………………………………………… 2

第二章 基础知识 …………………………………………… 4
第一节 专业知识 …………………………………………… 4
一、无机化学基础知识 …………………………………… 4
二、练漂助剂基础知识 …………………………………… 15
三、纤维材料基础知识 …………………………………… 16
四、织物的类型和特点 …………………………………… 33
五、烧毛的工艺流程与目的 ……………………………… 36
六、烧毛机械设备简介 …………………………………… 37
七、烧毛机操作常识 ……………………………………… 38
第二节 安全知识 …………………………………………… 39
一、防火、防爆、防化知识 ……………………………… 39
二、安全操作知识 ………………………………………… 42
三、安全用电、用气(汽)知识 …………………………… 43
第三节 相关法律、法规知识 ……………………………… 43

下篇　初级工

第三章　烧毛前准备 …………………………………… 47
第一节　生产与坯布准备 ………………………………… 47
一、操作技能 …………………………………………… 47
二、相关知识 …………………………………………… 47
三、注意事项 …………………………………………… 56
第二节　烧毛机穿头引布 ………………………………… 56
一、操作技能 …………………………………………… 56
二、相关知识 …………………………………………… 57
三、注意事项 …………………………………………… 60
第三节　配制退浆液 ……………………………………… 61
一、操作技能 …………………………………………… 61
二、相关知识 …………………………………………… 61
三、注意事项 …………………………………………… 64
思考题 …………………………………………………… 64

第四章　烧毛进出布操作 ……………………………… 65
第一节　烧毛进布 ………………………………………… 65
一、操作技能 …………………………………………… 65
二、相关知识 …………………………………………… 65
三、注意事项 …………………………………………… 70
第二节　烧毛出布 ………………………………………… 70
一、操作技能 …………………………………………… 71
二、相关知识 …………………………………………… 71

三、注意事项 ……………………………………………… 73
思考题 …………………………………………………… 74

第五章 烧毛运行操作 ……………………………………… 75
第一节 机台运行 …………………………………………… 75
一、操作技能 ……………………………………………… 75
二、相关知识 ……………………………………………… 75
三、注意事项 ……………………………………………… 76
第二节 烧毛质量检查 ……………………………………… 76
一、操作技能 ……………………………………………… 76
二、相关知识 ……………………………………………… 76
三、注意事项 ……………………………………………… 77
第三节 机台清洁保养 ……………………………………… 77
一、操作技能 ……………………………………………… 77
二、相关知识 ……………………………………………… 78
第四节 生产记录 …………………………………………… 78
一、操作技能 ……………………………………………… 78
二、相关知识 ……………………………………………… 78
思考题 …………………………………………………… 79

下篇 中级工

第六章 烧毛前准备 ………………………………………… 81
第一节 工艺与来坯准备 …………………………………… 81
一、操作技能 ……………………………………………… 81
二、相关知识 ……………………………………………… 81

三、注意事项 …… 83
第二节 烧毛机穿头引布 …… 83
一、操作技能 …… 84
二、相关知识 …… 84
第三节 烘燥 …… 85
一、操作技能 …… 85
二、相关知识 …… 86
三、注意事项 …… 94
思考题 …… 94

第七章 烧毛进出布操作 …… 95
第一节 烧毛进布 …… 95
一、操作技能 …… 95
二、相关知识 …… 95
第二节 烧毛出布 …… 101
一、操作技能 …… 101
二、相关知识 …… 101
三、注意事项 …… 103
思考题 …… 103

第八章 烧毛运行操作 …… 104
第一节 工艺检查 …… 104
一、操作技能 …… 104
二、相关知识 …… 104
三、注意事项 …… 111

第二节 设备检查与保养 ································ 112
一、操作技能 ································ 112
二、相关知识 ································ 112
三、注意事项 ································ 113

第三节 电器操作 ································ 113
一、操作技能 ································ 113
二、相关知识 ································ 113
三、注意事项 ································ 117

第四节 生产过程记录 ································ 117
一、操作技能 ································ 117
二、相关知识 ································ 117
三、注意事项 ································ 118
思考题 ································ 118

下篇 高级工

第九章 烧毛前准备 ································ 119
第一节 工艺准备 ································ 119
一、操作技能 ································ 119
二、相关知识 ································ 119
三、注意事项 ································ 123

第二节 设备检查与操作 ································ 123
一、操作技能 ································ 123
二、相关知识 ································ 124
三、注意事项 ································ 132
思考题 ································ 132

第十章　烧毛进出布操作 …… 133
第一节　烧毛进布 …… 133
一、操作技能 …… 133
二、相关知识 …… 133
三、注意事项 …… 135
第二节　烧毛出布 …… 136
一、操作技能 …… 136
二、相关知识 …… 136
思考题 …… 141

第十一章　烧毛运行操作 …… 142
第一节　工艺控制 …… 142
一、操作技能 …… 142
二、相关知识 …… 142
第二节　质量控制 …… 143
一、操作技能 …… 144
二、相关知识 …… 144
第三节　设备保养 …… 145
一、操作技能 …… 145
二、相关知识 …… 145
第四节　设备管理 …… 148
一、操作技能 …… 148
二、相关知识 …… 149
思考题 …… 151

第十二章 培训与指导 ………………………………… 152
　第一节 培训 ……………………………………………… 152
　　一、操作技能 …………………………………………… 152
　　二、相关知识 …………………………………………… 152
　第二节 指导 ……………………………………………… 153
　　一、操作技能 …………………………………………… 153
　　二、相关知识 …………………………………………… 154

参考文献 ……………………………………………… 155

上篇　基本要求

第一章　职业道德

第一节　职业道德基本知识

通常职业道德是指与人们的职业活动紧密相连的具有职业特点所要求涵盖的道德标准；该标准是道德准则、道德情操与道德品质的总和，是一般社会道德在特定职业活动中的体现。它既是对本职人员在职业活动中行为的要求，同时也是职业对社会所需的道德责任与义务。

职业道德是所有从业人员在职业活动中应遵循的行为准则，它涵盖了从业人员与服务对象、职业与职工、职业与职业之间的关系。随着现代社会分工的发展与专业化程度的增强，市场竞争日渐激烈，整个社会对从业人员的职业观念、职业态度、职业技能、职业纪律和作风的要求越来越高。我们要大力提倡以爱岗敬业、诚实守信、办事公道、服务群众、奉献社会为主要内容的职业道德，鼓励从业人员在工作中成为一个勤奋努力、奉公守法的建设者。

职业道德是岗前与岗位培训的重要内容，可以教育帮助从业人员熟悉和了解与本职工作相关的道德规范。企业要把职工遵守职业道德的情况作为考核奖惩的重要指标，促使从业人员养成良好的职业习惯与敬业精神。

第二节 职业守则

1. 遵守法律、法规和有关规定

(1)遵守国家、各级政府部门、行业协会等制定的相关法律和管理条例。

(2)遵守企业单位制定的规章制度与工作纪律。

(3)听从上级指挥,认真执行单位的工作部署,并严格执行安全管理规定。

(4)认真维护单位的物品、设施、财产与对外形象等公共利益。

(5)严格执行保密管理制度,绝不泄密。

2. 认真负责,严于律己,不骄不躁,吃苦耐劳,循序渐进,勇于开拓,敢于创新

3. 刻苦学习,忠于职守,团结同志,协调配合,实干创新促发展,保证产品质量与服务的满意度

4. 爱岗敬业,认真负责,精益求精,善始善终,对本职工作具有高度的责任感;当局部、个人利益与集体利益相矛盾时,从业人员应把集体利益放在首位

5. 严格执行工作程序、工作规范和烧毛安全操作规程

(1)认真接受安全生产教育与培训,掌握本职工作范围内的安全生产知识与技能。

(2)熟悉并严格遵守本单位的安全生产规章与操作程序,并维护工作场所的安全卫生。

(3)提高安全生产技能,增强事故预防与应急处理能力。

(4)服从管理,正确佩戴与使用劳防用品。

(5)积极参与安全生产管理工作。

6.着装整洁,符合规定,保持工作环境清洁有序,做到文明生产

(1)从业人员按规定着装,佩戴适宜,语言文明,行为规范,待人热情,态度和蔼。

(2)保持环境整洁,生产作业秩序井然,物资、物品、工具用品摆放有序。

(3)坚持绿色环保,促进节能减排,厉行节约,珍惜资源,绝不铺张浪费。

第二章 基础知识

第一节 专业知识

一、无机化学基础知识

1. 物质的组成与变化

自然界是由物质组成的,所有物质都是在不停地运动着的。一切物质均是由极小的微粒构成的。构成物质的微粒有多种,包括分子、原子、电子、离子等。

物质又分为混合物(如空气、海水等)与纯净物;纯净物又分为单质(如金属、非金属、惰性气体等)与化合物(如氧化物、酸、碱、盐等)。纯净物与混合物的差异见表2-1。

表2-1 纯净物与混合物的差异

纯净物	混合物
由一种物质的分子组成	由两种或两种以上不同种物质的分子组成
具有固定不变的组成	没有固定不变的组成
具有自己固定的特性	各成分仍保持原有的特性

物质的变化分两类:变化过程中物质的分子没有发生变化,也没有生成新的物质,这类变化叫物理变化。变化过程中物质的分子发生了变化,原来的物质变化后生成了新的物质,这类变化叫化学变化,也称化学反应。如水的蒸发属物理变化,木炭燃烧则属化学变化。两类

变化常同时发生,如点燃蜡烛时蜡受热熔化是物理变化,而蜡燃烧变成水蒸气和二氧化碳则是化学变化。

2. 化学用语简介

(1)分子:分子是构成物质并保持物质化学性质的一种微粒。水就是由大量的水分子聚集而成的。同种物质的分子性质相同,不同种物质的分子性质不同。分子之间有间距,一切分子都在不停地运动着。

(2)原子:原子是化学变化中最小的微粒。原子可以直接构成物质,例如铁就是由许多铁原子构成的。原子和分子一样,也在不停地运动着。原子由质子、中子和电子组成。

(3)元素:元素是具有相同核电荷数(即质子数)的同一类原子的总称。氧分子、水分子、氧化铝分子中的氧原子,统称氧元素。氢分子、水分子、氯化氢分子中的氢原子,统称氢元素。由此可知,一类原子跟另一类原子的根本区别是核内含有的质子数不同。

(4)相对原子质量与相对分子质量:

① 相对原子质量:国际上以核内含有 6 个质子和 6 个中子的碳原子质量的 1/12 作为标准,其他原子的质量跟它相比较所得的数值,就是该种元素的相对原子质量。例如氧元素的相对原子质量为 16,氢元素的相对原子质量为 1 等。相对原子质量是一个比值,它是没有单位的。常见元素的名称、符号和相对原子质量见表 2-2。

② 相对分子质量:相对分子质量即一个分子里所有原子的相对原子质量总和。例如水(H_2O)的相对分子质量是两个氢相对原子质量与一个氧相对原子质量的总和,即 $1 \times 2 + 16 = 18$。烧碱(NaOH)的相对分子质量是 $23 + 16 + 1 = 40$。

(5)元素符号:世上万物是由 92 种天然元素的原子以不同的成分

表 2-2 常见元素的名称、符号和相对原子质量(近似值)

元素名称	元素符号	相对原子质量	元素名称	元素符号	相对原子质量	元素名称	元素符号	相对原子质量
氢	H	1	磷	P	31	锌	Zn	65
硼	B	11	硫	S	32	溴	Br	80
碳	C	12	氯	Cl	35.5	银	Ag	108
氮	N	14	钾	K	39	锡	Sn	119
氧	O	16	钙	Ca	40	碘	I	127
氟	F	19	钒	V	51	钡	Ba	137
钠	Na	23	铬	Cr	52	钨	W	184
镁	Mg	24	锰	Mn	55	金	Au	197
铝	Al	27	铁	Fe	56	汞	Hg	201
硅	Si	28	铜	Cu	63.5	铅	Pb	207

组成的,另有14种人造元素,合起来是106种。每种元素都由一个符号来代表,这就是元素符号的由来。

(6)分子式与化合价:

① 分子式:物质是由分子组成的,分子是由各元素的原子组成的;元素既然有符号,那么分子就可用元素符号来表示了。用元素符号表示物质分子组成的式子叫分子式。如氧分子和水分子的组成可用 O_2 和 H_2O 来表示。

② 化合价:一定数目的一种元素的原子跟一定数目的其他元素的原子化合的性质,就是这种元素的化合价。化合价根据得失电子后原子带正电荷还是负电荷,又分成正价和负价两类。常见元素的化合价见表 2-3。

表2-3 常见元素的化合价

名称	符号	常见化合价	名称	符号	常见化合价
氢	H	+1	锌	Zn	+2
氧	O	-2	铁	Fe	+2、+3
氮	N	-3、+2、+4、+5	铅	Pb	+2、+4
氯	Cl	-1、+1、+3、+5、+7	锡	Sn	+2、+4
碳	C	-4、+2、+4	铜	Cu	+1、+2
硅	Si	+4	钾	K	+1
硫	S	-2、+4、+6	钠	Na	+1
磷	P	-3、+3、+5	钙	Ca	+2
镁	Mg	+2	汞	Hg	+1、+2
钡	Ba	+2	铬	Cr	+3、+6
铝	Al	+3	锰	Mn	+2、+4、+6、+7

(7)化学方程式:化学反应用文字表达,不仅麻烦,还难说清楚;用化学方程式表达就清楚多了。例如酸碱中和反应可以用下式表达:

$$H_2SO_4 + 2NaOH \longrightarrow Na_2SO_4 + 2H_2O$$
　　硫酸　　烧碱　　　硫酸钠　　水

这个反应式表明了参与中和反应的酸和碱,以及反应后生成的盐和水。反应式还说明了每分子硫酸可以中和两分子烧碱,生成一分子硫酸钠与两分子水。

(8)化学反应的基本类型:

① 化合反应:由两种或两种以上物质生成另一种物质的反应叫化合反应,也就是两种或两种以上物质中的原子重新组合成一种新物质分子的反应。如:

$$C + O_2 \xrightarrow{燃烧} CO_2 \uparrow$$
碳　氧　　二氧化碳

$$CaO + H_2O \longrightarrow Ca(OH)_2$$
生石灰　水　　熟石灰

② 分解反应：由一种物质生成两种或两种以上其他物质的反应，即由一种物质分子里的原子重新组合生成两种或两种以上其他物质分子的反应。如：

$$2NaHCO_3 \xrightarrow{加热} Na_2CO_3 + H_2O + CO_2 \uparrow$$
碳酸氢钠　　　碳酸钠　水　二氧化碳

③ 置换反应：一种单质跟一种化合物起反应，生成另一种单质和另一种化合物，这类反应叫做置换反应。如：

$$Fe + CuSO_4 \longrightarrow FeSO_4 + Cu$$
铁　硫酸铜　　硫酸亚铁　铜

④ 复分解反应：两种电解质相互交换离子，生成两种新的电解质，这种反应叫做复分解反应。如：

$$NaOH + HCl \longrightarrow NaCl + H_2O$$
烧碱　盐酸　　食盐　水

⑤ 氧化还原反应：前已述及物质的原子是由质子、中子与电子构成的，其中质子带正电荷，电子带负电荷，而中子是不带电的。我们把有电子得失转移的反应称为氧化还原反应。有电子得失转移，是氧化还原反应的本质，而反应前后元素化合价的改变是氧化还原反应的特征。在反应中失去电子的物质化合价升高而被氧化，该物质叫还原剂；在反应中得到电子的物质化合价降低而被还原，该物质叫氧化剂。

3. 水与溶液

(1)水的组成与性质：由电解水的化学实验可以得到氢气和氧气便知水是由氢、氧两种元素组成的一种化合物。更精确的实验测定出一个水分子中含有两个氢原子和一个氧原子。

① 水的物理性质：纯水是无色、无味的液体，在一个大气压下水的冰点是 $0℃$，沸点是 $100℃$，水的密度在 $4℃$ 时为 $1g/cm^3$。

② 水的化学性质：

a. 水的稳定性。水分子中氢、氧两种原子结合得很牢固，要使它们分开，只有通电或加热到 $1000℃$ 以上才能使水分解，证明水对热的稳定性很高。高温和电解的情况下，水的分解反应如下：

$$2H_2O \xrightarrow{\text{高温或电解}} 2H_2\uparrow + O_2\uparrow$$
$$\text{水} \qquad\qquad \text{氢气}\ \text{氧气}$$

b. 与某些金属反应。在常温下，钠、钾等能与水发生置换反应放出氢气。

$$2Na + 2H_2O \longrightarrow 2NaOH + H_2\uparrow$$
$$\text{钠}\quad\text{水}\qquad\text{烧碱}\ \text{氢气}$$

c. 与某些非金属反应。在常温下，化学性较活泼的卤素能与水发生反应。而有的非金属只有在高温下才能与水发生反应。如：

$$Cl_2 + H_2O \xrightarrow{\text{常温}} HCl + HClO$$
$$\text{氯气}\ \text{水}\qquad\text{盐酸}\ \text{次氯酸}$$

$$C + H_2O(\text{水蒸气}) \longrightarrow CO\uparrow + H_2\uparrow$$
$$\text{碳}\ \text{水}\qquad\qquad\text{一氧化碳}\ \text{氢气}$$

d. 与可溶性碱性氧化物反应生成对应的碱。如：

$$CaO + H_2O \longrightarrow Ca(OH)_2$$

生石灰　水　　　熟石灰

$$Na_2O + H_2O \longrightarrow 2NaOH$$

氧化钠　水　　　烧碱

e. 与可溶性酸性氧化物反应生成对应的酸。如：

$$CO_2 + H_2O \longrightarrow H_2CO_3$$

二氧化碳　水　　　碳酸

$$SO_3 + H_2O \longrightarrow H_2SO_4$$

三氧化硫　水　　　硫酸

（2）溶液：一种或几种物质分散到另一种液态物质里，形成均一、稳定的液体混合物叫溶液。被液态物质溶解的物质叫溶质，溶解溶质的液态物质叫溶剂。印染厂加工各类织物，溶液是应用较多又最为方便的。另有一种叫胶体溶液的是遇到最多应用最广的。胶体溶液中的溶质颗粒较一般溶液稍大，不是一个分子而是几个分子聚集在一起，但胶体溶液不会沉淀出溶质，不会分层，胶体溶液有较大的稳定性。

（3）溶解度：在介绍溶解度之前先说说饱和溶液与不饱和溶液。在一定温度下，溶质不能再继续溶解在溶剂里，未溶解的溶质跟已溶解的溶质达到溶解平衡状态时的溶液叫做饱和溶液。反之，没有达到溶解平衡状态，溶质还可继续溶解在溶液里，这种溶液叫做不饱和溶液。

在一定温度下，某物质在100g溶剂（水或其他溶剂）里达到溶解平衡，制成饱和溶液时所溶解的克数，就叫做这种物质在这种溶剂里的溶解度。例如20℃时，100g水里食盐与硫酸铵的溶解度分别为35.8g与75.4g。

要提高固体物质的溶解度,可采用如下方法:提高溶解温度;增加溶剂的用量;将块状固体物质研磨成粉末投入溶剂中边投边搅拌,溶解自然会加快。

(4)溶液的浓度:一定量的溶液里所含溶质的量叫做溶液的浓度。印染厂常用的浓度表示法有以下几种:

① 质量分数:用溶质的质量占全部溶液质量的百分比来表示的溶液浓度,叫质量分数。

$$质量分数 = \frac{溶质质量}{溶质质量 + 溶剂质量} \times 100\%$$

② 质量浓度:用 1L 溶液中所含溶质的质量来表示的溶液浓度,叫做质量浓度。单位为 kg/L,质量浓度是印染工艺中最常用的浓度表示法。

$$质量浓度 = \frac{溶质质量}{溶液体积}$$

③ 相对密度表示法:生产中常用相对密度来间接地表示溶液的浓度。

a. 密度和相对密度。溶液的密度是溶液的质量与其体积的比值:

$$密度 = \frac{溶液的质量}{溶液的体积}$$

例如 4℃时 1mL 纯水的质量为 1g,水的密度就为 1g/mL。又如某溶液的密度为 1.84g/mL,则表示每毫升该溶液的质量为 1.84g。可以看出,液体的密度在数值上等于它的相对密度。生产上更多以相对密度代替密度。一定相对密度的溶液其浓度也是一定的,因此,只要用比重计测得溶液的相对密度,即可通过查表知晓它的浓度。

b. 波美度(°Bé)。印染厂常用的比重计是波美比重表,表上显示的数据就叫波美度,用°Bé符号来表示。波美度与相对密度间的关系可查"波美度和相对密度对照表"。印染厂习惯用波美度来表示一些常用化学品的浓度。例如36°Bé的烧碱,质量分数为30%,质量浓度为400g/L;66°Bé的浓硫酸,质量分数为98%,质量浓度为1800g/L。

4. 酸、碱、盐的基本概念

(1)酸:酸的水溶液都能导电,并且酸能分离成可自由移动的离子,这个过程叫电离。任何一种酸电离出来的阳离子全部是氢离子(H^+),阴离子则是酸根离子。例如:

$$HCl = H^+ + Cl^-$$
盐酸　氢离子　氯离子(盐酸根离子)
　　　阳离子　阴离子

$$H_2SO_4 = 2H^+ + SO_4^{2-}$$
硫酸　氢离子　硫酸根离子

酸是电解质,根据酸电离能力的大小,可以把酸分成强酸和弱酸。例如盐酸、硫酸是强酸,而醋酸是弱酸,磷酸则是中强酸。

(2)碱:碱的水溶液都能导电,碱类也是电解质,碱电离时所生成的阴离子全部是氢氧根离子(OH^-),阳离子则都是金属离子。例如:

$$NaOH = Na^+ + OH^-$$
烧碱　钠离子　氢氧根离子
　　　阳离子　阴离子

根据碱电离能力的大小,碱也有强碱和弱碱之分。例如烧碱、氢氧化钾是强碱,氨水则是典型的弱碱。

(3)盐:盐是一个广义名称,并非单指食盐。化学上规定:凡电解质电离时能生成金属阳离子和酸根阴离子的化合物都叫盐。例如:

$$NaCl = Na^+ + Cl^-$$
食盐　　钠离子　氯离子

$$Na_2CO_3 = 2Na^+ + CO_3^{2-}$$
碳酸钠　　钠离子　碳酸根离子

(4)酸、碱、盐的通性：

① 酸的通性：

a. 酸溶液能使蓝色石蕊试纸变成红色。

b. 酸能与多种活泼金属起反应,生成盐和氢气。例如：

$$Zn + H_2SO_4 = ZnSO_4 + H_2\uparrow$$
锌　稀硫酸　　硫酸锌　氢气

$$Fe + H_2SO_4 = FeSO_4 + H_2\uparrow$$
铁　稀硫酸　　硫酸亚铁　氢气

金属与酸的反应实质上是金属占据了酸中氢的位置,把氢置换了出来。长期实践的结果总结出常见金属化学活动性的顺序如下：

K　Na　Ca　Mg　Al　Mn　Zn　Cr　Fe　Ni　Sn　Pb　H　Cu　Hg　Ag　Pt　Au
钾　钠　钙　镁　铝　锰　锌　铬　铁　镍　锡　铅　氢　铜　汞　银　铂　金

→ 金属活动性由强逐渐减弱

c. 任何酸都能与碱起中和反应生成盐和水。例如：

$$HCl + NaOH = NaCl + H_2O$$
盐酸　烧碱　　食盐　水

$$H_2SO_4 + 2NaOH = Na_2SO_4 + 2H_2O$$
硫酸　　烧碱　　硫酸钠　　水

② 碱的通性：

a. 碱溶液能使红色石蕊试纸变成蓝色,使无色酚酞试液变成红色。手粘上碱液有滑腻感。

b. 碱能与酸性氧化物起反应,生成盐和水。例如:

$$2NaOH + CO_2 = Na_2CO_3 + H_2O$$
烧碱　二氧化碳　碳酸钠　水

c. 任何碱都能与酸发生中和反应,生成盐和水。

③盐的通性:盐在常温下大都是晶体,不同种类的盐在水中的溶解性不同。通常钾盐、钠盐、铵盐和硝酸盐都易溶于水,而碳酸盐、硫酸盐大多不溶于水。盐类的水溶液显现的化学性质现介绍如下:

a. 盐与金属起反应,生成另一种盐和另一种金属。例如:

$$CuSO_4 + Fe = FeSO_4 + Cu$$
硫酸铜　铁　硫酸亚铁　铜

b. 盐与酸起反应,生成另一种盐和另一种酸。例如:

$$CaCO_3 + 2HCl = CaCl_2 + H_2CO_3$$
碳酸钙　盐酸　　氯化钙　碳酸

$$H_2CO_3 \longrightarrow H_2O + CO_2 \uparrow$$
碳酸　　水　二氧化碳

c. 盐和碱起反应,生成另一种盐和另一种碱。例如:

$$Na_2CO_3 + Ca(OH)_2 = CaCO_3 \downarrow + 2NaOH$$
碳酸钠　石灰水　　碳酸钙　烧碱

d. 两种盐起反应,生成另外两种盐。例如:

$$CaCl_2 + Na_2CO_3 = CaCO_3 \downarrow + 2NaCl$$
氯化钙　碳酸钠　　碳酸钙　食盐

二、练漂助剂基础知识

1. 助剂的含义与分类

印染加工中除了应用必要的染料和化学药品外,为改善加工工艺、提高工艺效率和质量,需要加入一些辅助用剂,它们主要用来帮助润湿浸透纤维,促使染料在染液中均匀分散,增大染料的扩散力,促使染料分子渗透到纤维内部,均匀上染。这类用剂称为印染助剂。助剂的种类不少,凡是前处理用的助剂就是练漂助剂。其中表面活性剂就占了一半以上,有些助剂本身就是表面活性剂,更多的助剂是含有表面活性剂的复配物。

这些助剂用量不大,但在生产中有着不可忽视的作用,在短流程前处理工艺中尤为显著,甚至不可缺少,因此,有人称助剂为"工业味精",归纳助剂的作用有以下几方面:

(1)缩短加工周期或减少加工工序,提高生产效率。

(2)减少能源消耗,降低产品成本。

(3)减少三废污染,加强环境保护。

(4)提高产品质量。

(5)赋予纺织品特殊的功能和效果,增加产品附加值。

2. 练漂用助剂简介

(1)渗透剂和润湿剂:润湿是指液体能迅速而均匀地铺展散开在织物表面的现象,渗透是指液体能迅速而均匀地进入织物内部的现象。两者无本质区别,其作用都是降低液体与织物间的表面张力。润湿剂与渗透剂多为阴离子和非离子表面活性剂。

(2)净洗剂:从浸在某种介质中的固体表面除去污垢的过程叫洗涤。在洗涤过程中净洗剂与污垢和织物表面间发生了一系列物理、化学作用,如润湿、渗透、乳化、分散、增溶等,借机械搅动,污垢从织物表面脱落悬浮在洗液中而被清除。传统的净洗剂为肥皂,现在合成洗涤剂已占主导地位。净洗剂多为阴离子和阳离子表面活性剂以及它们的复配物。

其他尚有助练剂、氧漂稳定剂等,这里暂不多叙。

三、纤维材料基础知识

1. 纺织纤维的含义和分类

(1)纺织纤维的含义:纤维是一种长度比直径大上千倍的细长柔韧性物质,大多数是有机高分子化合物,少数是无机化合物。但用做纺织纤维还必须具备以下物理与化学性质:

① 具有一定的强度、延伸性和弹性,要能经受纺织染整加工和使用中遇到的各种机械力。

② 具有一定的长度、摩擦力和抱合力,可纺性强。纤维过短只能用于造纸或作为再生纤维原料。

③ 具有一定的吸湿性和热稳定性,有利于染整加工并可增加服用时的舒适性。

④ 具有较好的化学稳定性和可染性,能耐受染整加工中使用的水和化学用剂;可染性保证了最终纺织品色彩艳丽,受消费者喜欢。

⑤ 具有较好的耐日光、耐紫外线、耐气候性,保证纺织品能长期使用。

纺织纤维的长度和细度是两个重要品质指标,影响纺织加工和成品质量。某些常用天然纤维的长度、直径、长度与直径的比值见表2-4。

表2-4 某些常用天然纤维的长度、直径、长度与直径的比值

纤 维	代表长度(mm)	代表直径(μm)	长度/直径
棉	25.4	18	1400

续表

纤　维	代表长度(mm)	代表直径(μm)	长度/直径
亚麻	17～25	12～17	1500
苎麻	60～250	20～80	4000
羊毛	76.4	25	3000
蚕丝	5×10^6	15	3.3×10^8

（2）纺织纤维的分类：纺织纤维根据其来源、制造方法可分为天然纤维与化学纤维两大类，天然纤维又可分为植物纤维、动物纤维及矿物纤维三类，而化学纤维则分为再生纤维与合成纤维两大类。

① 天然纤维的分类：

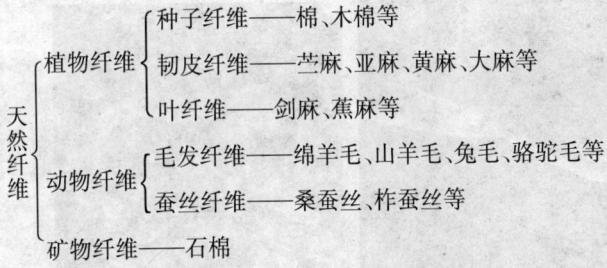

② 化学纤维的分类：

$$\text{化学纤维}\begin{cases}\text{再生纤维}\begin{cases}\text{再生纤维素纤维——黏胶纤维、天丝、竹纤维、铜氨纤维等}\\\text{再生蛋白质纤维——大豆蛋白纤维、牛奶蛋白纤维、蚕蛹蛋白纤维等}\\\text{纤维素衍生物——醋酯纤维}\\\text{玉米再生纤维——聚乳酸纤维}\\\text{无机特种纤维——玻璃纤维、金属纤维、碳纤维}\end{cases}\\\text{合成纤维}\begin{cases}\text{聚酯纤维——聚对苯二甲酸乙二酯纤维（涤纶）}\\\text{聚氨酯纤维——聚氨基甲酸酯纤维（氨纶）}\\\text{聚酰胺纤维——聚酰胺6、聚酰胺66、聚酰胺1010、芳香聚酰胺纤维}\\\text{聚烯烃纤维——聚乙烯（乙纶）、聚丙烯（丙纶）、聚丙烯腈（腈纶）}\end{cases}\end{cases}$$

2. 纤维素纤维

(1)棉纤维：棉纤维是棉籽表皮上的细胞突起生长而成的，每根纤维就是一个细胞。成熟的棉纤维在显微镜下观看其纵向是扁平的带状，有螺旋形扭转，通常情况下，在1cm内扭转数为60~120个，这种扭转数越多越均匀，纤维的成熟度也越高；相反扭转数越少，则说明成熟度越低；若没有扭曲呈透明薄胞壁状的纤维则是死棉纤维。成熟棉纤维横截面呈椭圆形或腰子形，中间有孔腔，而死棉的横截面较扁，孔腔也较大。成熟棉纤维在显微镜下的形态如图2-1所示。

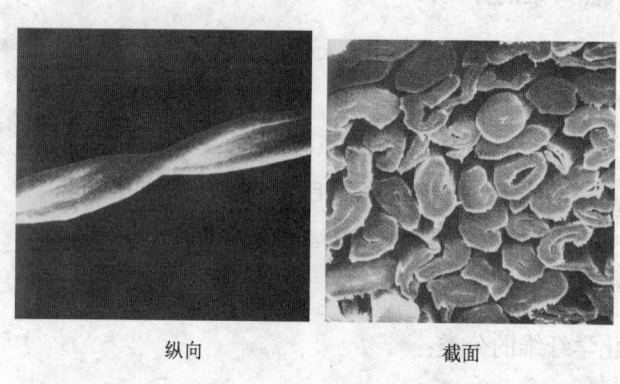

纵向　　　　　　　截面

图2-1　成熟棉纤维在显微镜中的形态

棉纤维从里到外分三层，中间层为次生胞壁，是纤维沉积最厚的一层，约4μm，是构成纤维的主体部分，纤维素含量很高，占整个纤维的90%以上，棉纤维的性质主要由这一层的结构组成来决定。最外层为初生胞壁，厚0.1~0.2μm，由长短不齐的纤维素分子和油蜡、果胶等共生物组成，在纺纱过程中油蜡起到润滑作用，这也是棉纤维优良可纺性的原因之一。

纤维素大分子排列紧密的地方称为定向结构区或晶区;反之,排列较稀疏的地方则称为非晶区或无定形区。棉纤维晶区约占70%左右。通常随着晶区的增加,纤维的断裂强度、弹性、形态稳定性都有所提高,而延伸性、柔软性等却有所降低。

棉纤维的品质通常用等级来表示,根据棉纤维的成熟度、色泽特征和轧花加工质量等来确定。国家标准规定,细绒棉手扯长度以1mm为间隔分档,共分七个等级,七级为25mm及以下,一级为31mm及以上。一级棉最好,七级最差,而以三级作为标准级,七级以下就称为等外棉。棉纤维的品质对纺织染整生产具有重要意义,对纺织品的实用价值也是极其重要的。

棉纤维的吸湿性是一个重要指标,它涉及穿着舒适性、保暖性及染整加工特性。棉纤维的热稳定性略差,在150℃下加热1h,纤维强力降低近50%。因此,对含棉纤维的织物进行染整加工时,由于烧毛、焙烘、热熔与定形等工序的加工温度都高于140℃,可能会造成纤维损伤,应引起警惕。

(2)麻纤维:麻的品种较多,其纤维含量在65%~85%。我国是麻产量较大的国家,品种有苎麻、亚麻、黄麻和大麻。麻纤维均是茎纤维,存在于植物茎秆的韧皮中,故又称韧皮纤维。

① 麻纤维的组成与形态结构:麻纤维主要由纤维素及少量共生杂质半纤维素、木质素、果胶、脂蜡质、多糖类和灰分等组成。单根纤维是一个壁厚、内有狭窄胞腔、两端封闭的长细胞。麻纤维均具有这样的特征,但纤维的外形、长度、细度和化学组成等则视品种不同有较大的差异,因而影响着纺织、染整工艺及服用性能。上述四种麻纤维的纵截面和横截面如图2-2所示。

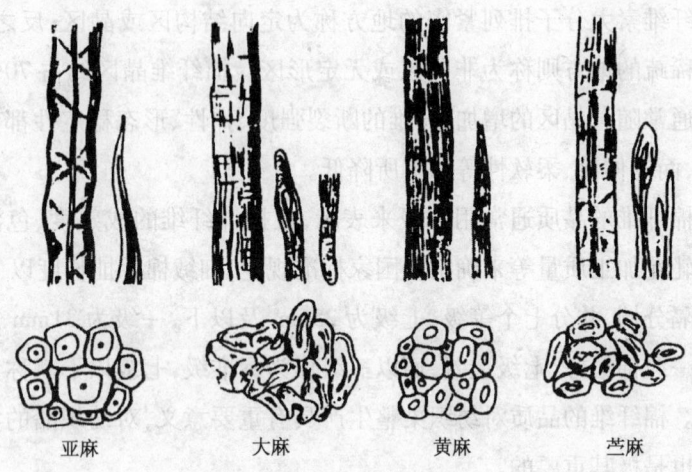

亚麻　　　　大麻　　　　黄麻　　　　苎麻

图2-2　麻纤维的纵截面和横截面

由图可见,苎麻截面呈腰子形,有中腔,胞壁有裂纹;黄麻截面呈多角形,也有中腔;亚麻截面呈X状;大麻截面呈腰耳形,也有中腔,纵截面有横节、竖纹。麻纤维具有高强度和低延伸度,光泽比其他纤维好。原麻通常呈青白或黄白色。四种麻纤维的化学组成见表2-5。

表2-5　四种麻纤维的化学组成

成分＼种类	苎　麻	亚　麻	黄　麻	大　麻
纤维素	65%~74%	70%~80%	64%~67%	70%~80.4%
半纤维素	14%~16%	12%~15%	16%~19%	—
木质素	0.8%~1.5%	2.5%~5%	11%~15%	10.4%~12%（包括蛋白质）
果胶质	4%~5%	1.4%~5.7%	1.1%~1.3%	—
脂蜡质	0.5%~1.0%	1.2%~1.8%	0.3%~0.7%	1.3%

续表

种类\成分	苎麻	亚麻	黄麻	大麻
水溶物	3.4%~3.8%	—	—	3.8%~5%
灰分	2%~5%	0.8%~1.3%	0.6%~1.7%	0.9%~1.2%
其他	—	0.3%~0.6%（含氮物质）	—	—

② 麻的前期加工：所有茎秆韧皮中的麻纤维都是被果胶质等共生杂质紧密地黏结在一起的粗硬片状物，无法直接纺纱，需经脱胶等前期加工，使纤维束与麻秆、表皮、木质等脱离，同时去除一些胶质和非纤维性物质，从而得到可用于纺织加工的麻纤维。

目前脱胶的方法分为温水浸渍法（32~35℃浸渍50h，适用于亚麻）、生物脱胶法（利用微生物分离果胶等杂质，可用于苎麻、亚麻）和化学脱胶法（利用纤维素对碱的稳定性，而共生的果胶等杂质对碱的不稳定性，在高温碱煮练下，将果胶与半纤维素水解，使纤维分离出来）。

按照脱胶程度的不同，脱胶工艺可分为全脱胶和半脱胶两种。苎麻需全脱胶，残留物要求低于2%，脱胶后的苎麻纤维可单纤维纺纱。亚麻纤维长度短，只能半脱胶，留下的胶质在经梳麻后进一步分离，这时亚麻纤维已适应了纺纱工艺的要求，故称工艺亚麻纤维。

③ 麻纤维的特性：由于麻纤维共生杂质含量高，长度又参差不齐，粗细均匀性也较差，因而纺出的纱线条干均匀性较差；这种独特的粗节，创造了麻织物粗犷独特的风格。麻纤维的吸湿性比棉高，吸湿和散湿速度均较快，一般气候条件下，回潮率可达14%，与黏胶纤维持平，但其湿强度比干强度大，因而比黏胶纤维高得多。麻纤维的断裂强度是天然纤维中最高的，苎麻为5.3~7.9cN/dtex，但其拉伸后的伸

长率是天然纤维中最低的,苎麻仅2%~3%。麻纤维的弹性较差,故纯麻织物易起褶皱。

3. 再生纤维素纤维

再生纤维素纤维是化学纤维的一个重要分支,其原料是棉短绒、木材、甘蔗渣、芦苇和竹子等天然高分子组合物,经过多道化学处理和纺丝等机械加工最终制成纤维。再生纤维素纤维种类较多,有黏胶纤维、天丝、莫代尔纤维与竹纤维等。现选择三种纤维进行介绍:

(1)黏胶纤维:目前我国生产的黏胶纤维有三个品种:

① 普通黏胶纤维:它的聚合度为250~500,有长丝和短纤之分。黏胶短纤又分为棉型、毛型和中长型三种,以便与相应的棉、毛和合成纤维混纺。长丝可与蚕丝、棉高支纱及合成长丝等交织成绚丽多彩的纺织品。

② 富强纤维:富强纤维是以优质浆料为原料,改变纺丝工艺,省去老化和熟成过程而纺制的纤维产品。该纤维聚合度较高,其截面近似圆形,其干、湿机械强度高于普通黏胶纤维。

③ 强力黏胶纤维:该纤维为全皮层结构,是一种强度特别高又耐疲劳的黏胶纤维,其强度可达棉的两倍以上,广泛用于汽车轮胎帘子线、传输带、胶管和帆布等工业用品中。

普通黏胶纤维横截面是不规则的锯齿形,纵向呈平直立柱体状,而富强纤维的截面比较规整,几乎为圆形。从纤维的截面看,纤维从外向里是不均一的;普通黏胶纤维从外向里共分四层,第一层为表皮层,很薄;第二层为内皮层,结构紧密,结晶度高;第三、第四层为中心层,结构疏松,结晶度较低。普通黏胶纤维的结晶区约占35%,非晶区约占65%,与棉纤维正好相反。由于黏胶纤维的结构比较疏松,有较多的空隙和内表面积,其吸湿性是化纤中最好的,20℃时相对湿度为

65%,标准气压下回潮率可达13%,黏胶纤维吸湿膨胀后其截面可增大50%,故普通黏胶纤维织物下水后手感发硬,收缩率也较大,织物干后不能回复到原长。普通黏胶纤维的断裂强度、耐磨性等均较差,特别是湿强度仅为干强度的50%,耐磨性也仅为干态的20%~30%(表2-6)。

表2-6 富强纤维与普通黏胶短纤维的性能比较

项目		富强纤维	普通黏胶短纤维
干强(cN/dtex)		2.73~4.4	1.94~2.64
湿强(cN/dtex)		2.1~3.08	1.23~1.58
湿强/干强(%)		70~80	50~60
断裂伸长率(%)	干态	9~12	15~22
	湿态	10~16	20~30
经质量分数为5%的NaOH溶液处理后的湿强(cN/dtex)		1.76~2.64	0.88左右
经质量分数为7%的NaOH溶液处理后的微纤结构		无影响	被破坏
弹性回复率(%)		96	65
湿模量(cN/dtex)		8.8~26.4	1.76~5.28
0.44 cN/dtex负荷下的伸长率(%)		3.0	11
水中膨胀度(%)		55~75	90~115

(2)天丝:20世纪90年代由荷兰AKOZO公司取得了新型再生纤维素纤维Lyocell的生产工艺与产品专利,并由英国考陶尔(Courtaulds)公司于1992年投入工业化生产,短纤维的商品名为Tencel,而长丝则命名为Newcell,我国统称为天丝。

天丝的基本组成是纤维素,其聚合度为500~550,结晶度较高,约为60%,比普通黏胶纤维高很多,纤维截面呈圆形,具有高强度、高湿模量、干湿强度相近的特点。天丝的吸湿性较好,在标准状态下回潮率为11%,稍低于黏胶纤维,落水膨胀度也低于黏胶纤维,故纺织缩水率较好。天丝织物能经受一般的机械作用力和常用的化学用剂(酸、碱和氧化剂等)低浓、低温、短时间处理。由于天丝制造过程中使用了环状氧化铵NMMO,环状氧化铵本身无毒且可安全回收再利用,因而对环境污染极微,天丝具有手感柔软、光泽如丝、吸湿透气性好、悬垂性好、湿强度高、可染性好、抗静电等优越性能,故被誉为21世纪的"绿色纤维"。

(3)竹纤维:该纤维是我国自行开发的一种再生纤维素纤维,也已投入工业化生产。竹纤维又分为原生竹纤维与竹浆纤维两种,它具有天然纤维与合成纤维的许多优点,不仅干湿强度高,耐磨性与悬垂性好,其吸湿放湿性和透气性居各类纤维之首,具有优良的服用性能,穿着时倍感凉爽、舒适、透气,对皮肤无过敏反应,且有抗紫外线、抗菌护肤保健功能,是夏季服装的首选织物。竹纤维是21世纪特别优良的绿色环保纤维。

原生竹纤维截面呈扁平状,有中空腔和大小不等的孔洞,无皮芯结构,纤维表面存在沟槽和裂缝,横向还有枝节,无天然扭曲。与棉、麻纤维的不同点是纤维中存在大量的大小不一的孔洞,这可能就是它质轻(相对密度仅0.8,麻纤维则为1.3~1.6)、手感柔软、吸湿导湿和透气性优良的原因之一。

竹浆纤维纵向表面粗糙无扭曲,但有多条较浅的平行沟槽,横截面接近圆形,边缘呈不规则的锯齿状,无皮芯结构,这种表面结构是与其纺丝成型条件有关的。竹浆纤维表面有一定的摩擦力,纤维的抱合力好,有利于纺纱。竹浆纤维手感柔软,吸湿放湿很快,透气性也好,干湿强度比棉、黏胶纤维均好,断裂伸长率比棉高,比黏胶纤维低。原生竹纤维和竹浆纤维纵向、横截面形态如图2-3所示。竹纤维对酸、碱、氧化剂的耐受性稍差,在染整加工时要尽量避免强碱、高张力及高温烘焙处理。

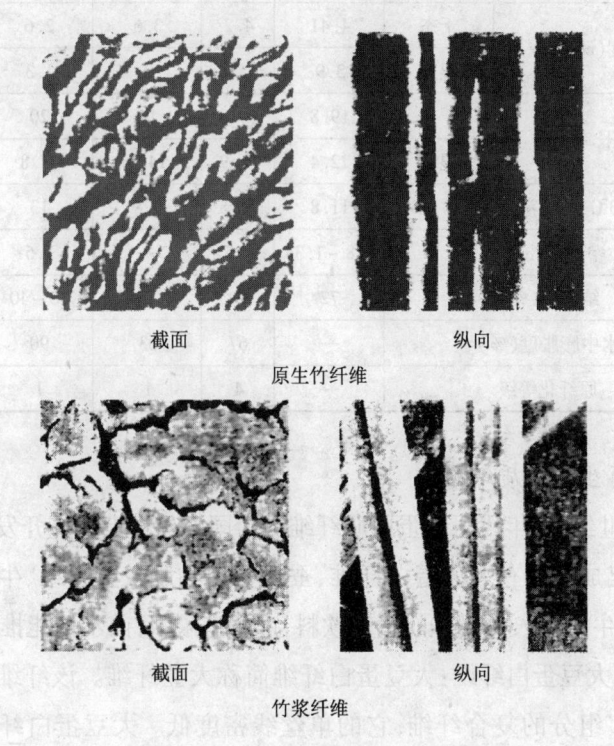

截面　　　　　　　　纵向
原生竹纤维

截面　　　　　　　　纵向
竹浆纤维

图2-3　竹纤维电镜照片

竹纤维还具有明显的抗菌抑菌功能,应用高新技术处理,能使竹纤维即使通过洗涤、日晒也不失去这种优良性能。竹纤维织物的抗菌性不同于用后整理剂赋予织物的抗菌性,因为化学合成的整理剂可能使人体皮肤产生过敏反应,造成不良后果。

竹纤维与天丝、黏胶纤维、莫代尔纤维、棉纤维的物理性能比较见表2-7。

表2-7 竹纤维与其他纤维性能比较

纤维性能		纤维名称 竹纤维	天丝	莫代尔纤维	黏胶纤维（短纤维）	棉纤维
线密度（dtex）		1.65	1.38	1.4	1.5	1.56
断裂强度（cN/dtex）	干态	4.41	4.2	3.6	2.6	3.6
	湿态	3.9	3.58	3	1.3	3.9
断裂伸长率（%）	干态	19.8	14.8	14	20	3~7
	湿态	22.4	16.9	14.6	27.8	—
回潮率（20℃，相对湿度65%）（%）		11.8	11.5	9.8	13	7
密度（g/cm^3）		0.8~1.34	1.5	—	1.5	1.54
结晶度（%）		72	40	25	30~40	60~70
水中膨胀度（%）		—	67	63	90	50
原纤化等级			4	1	1	2

4.再生蛋白质纤维

20世纪90年代再生蛋白质纤维成为国内外重点研究开发的纤维之一。已成熟的有大豆蛋白纤维、蚕蛹蛋白黏胶长丝纤维、牛奶蛋白纤维，但牛奶是人类极佳的营养饮料，产量有限，目前不可能推广。

（1）大豆蛋白纤维：大豆蛋白纤维简称大豆纤维。该纤维实际上是一种多组分的复合纤维，它的单丝线密度低。大豆蛋白纤维密度小、质轻、强度高，手感柔软似羊绒，光泽柔和似蚕丝，吸湿导湿似棉，透气性好，穿着舒适保暖，用大豆纤维与其他纤维混纺的织物能产生多种不同的风格，大豆蛋白纤维含有多种人体所需的氨基酸，有一定的保健作用，很受消费者的欢迎。

目前生产的大豆纤维多为短纤维，线密度为0.9~1.5dtex，长度为38mm，其截面为无规则的哑铃状，纵向有表面凹槽，有明显的皮芯结构，皮层结构紧密，芯层似海绵状多孔结构，如图2-4所示。

截面　　　　　　　　　　纵向

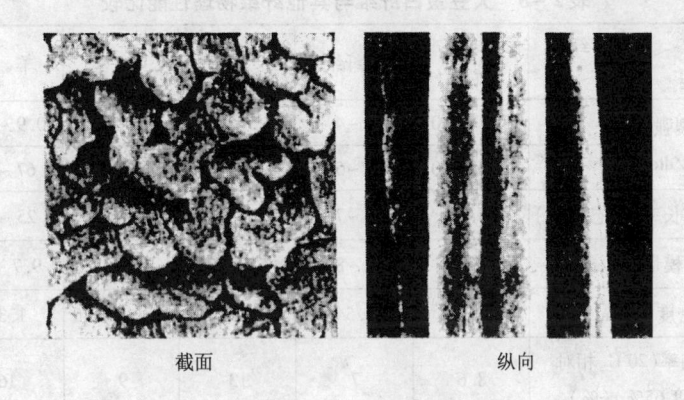

图2-4　大豆纤维的截面和纵向形态

大豆蛋白纤维由外而内分为三层,最外层为改性蛋白质,中间层为缩醛聚乙烯,内层为含磺酸基单体的聚丙烯腈。纤维中蛋白质含量为23%~55%,高分子聚乙烯醇和其他成分占45%~77%,蛋白质主要呈不连续的团块分散在连续的聚乙烯醇介质中。这种结构使大豆蛋白纤维具有强度高、吸湿导湿及透气性好、沸水收缩率低、织物尺寸稳定性好等优点。

由于大豆蛋白本身易泛黄,致使纤维呈米黄色,且较难漂白。纤维耐150℃以下干热性好,在160℃下微黄,强力明显下降,200℃变为深黄,纤维也会脆损。大豆蛋白纤维耐湿热性差,在100℃及以上的水浴中收缩率较大,这与聚乙烯醇纤维相似。若纺丝后丝条用交联剂处理,可提高大豆蛋白纤维的强度和耐热性。大豆蛋白纤维的耐酸性好,耐碱性较差,碱浓度增加,织物手感变硬,强度明显下降,这是因为纤维中蛋白质易水解,而聚乙烯醇又较易溶胀之故。故在染整前处理过程中用热碱处理要特别谨慎。

大豆蛋白纤维与其他纤维物理性能比较见表2-8。

表2-8　大豆蛋白纤维与其他纤维物理性能比较

性能	纤维	大豆蛋白纤维	棉纤维	黏胶纤维（普通长丝）	蚕丝	羊毛
断裂强度(cN/dtex)	干态	3.8~4.0	2.6~4.3	1.5~2.0	2.6~3.5	0.9~1.6
	湿态	2.5~3.0	2.9~5.6	0.7~1.1	1.9~2.5	0.67~1.43
断裂伸长率(干态)(%)		18~21	3~7	18~24	14~25	25~35
初始模量(cN/dtex)		53~98	60~82	57~75	44~88	9.7~22
密度(g/cm^3)		1.29	1.54	1.5~1.52	1.33~1.45	1.32
回潮率(20℃,相对湿度65%)(%)		8.6	7	13	9	16
耐干热性		差,100℃长时间处理变黄发黏	较好,150℃以上变为棕色并分解	较好,150℃长时间处理强力下降	较好,235℃开始分解,270℃以上燃烧	较差,105℃失水变脆,135℃变黄分解,300℃炭化
耐碱性		一般	好	较好	丝胶易溶解,但比羊毛好	差
耐酸性		好	差	差	好	好
抗紫外线性		较好	一般	较差	差	较差

(2)蚕蛹蛋白黏胶长丝：蚕蛹蛋白黏胶长丝是一种再生蛋白质复合纤维，简称PPV,它兼具蛋白质纤维和黏胶纤维的优点，用其加工成的织物光泽柔和，手感柔软，悬垂性好，吸湿透气性好，它的弹性、耐磨性、抗弯强度比同类真丝好，穿着舒适。由于纤维外层蛋白质有18种对人体有益的氨基酸，因而它兼具对肌肤的保健功能，适合制作高档面料，有良好的发展前景。

蚕蛹蛋白黏胶长丝复合纤维具有皮芯结构，皮层多为细条状分布的蛋白质，芯层多为网状分布的黏胶长丝，这种类似分子结合的皮芯结构是十分牢固的,其外层完全保留了蛋白质纤维的特点。这种纤维纵向均匀光滑,横截面呈长椭圆形。

蚕蛹蛋白黏胶长丝外观呈淡黄色或金黄色,不易漂白,有真丝般的光泽和手感。其干强度低,断裂伸长率较大,弹性在真丝和黏胶纤维之间,吸湿率高,达12%左右,但其抱合力小,条干均匀度好。这种纤维能抵抗虫蛀,也不易发霉。但该纤维不耐强酸与强碱,比较适合弱酸、弱碱剂加工。该纤维加热至240℃开始变黄,300℃时即变成深黄色。蚕蛹蛋白黏胶长丝与桑蚕丝、黏胶长丝性能见表2-9。

表2-9 蚕蛹蛋白黏胶长丝与桑蚕丝、黏胶长丝的物理机械性能

纤维物理机械性能		蚕蛹蛋白黏胶长丝	桑蚕丝	黏胶长丝
断裂强度(cN/dtex)	干态	1.60~1.80	2.65~3.53	1.56~2.11
	湿态	0.80~0.92	—	0.73~0.92
断裂伸长率(%)	干态	18.0~22.0	15.0~25.0	16.0~22.0
	湿态	25.0~28.5	—	21.0~29.0
密度(g/cm^3)		1.49	1.37	1.50~1.52
吸湿率(%)		11.0~12.5	8.0~10.0	12.0~14.0
初始模量(cN/dtex)		30.0~55.0	44.0~88.0	27.6~64.3
弹性回复率(%)		95.1 (伸长3%)	60.0~70.0 (伸长5%)	55.0~80.0 (伸长3%)
相对湿强度(%)		48.0~53.0	70.0	45.0~55.0
相对钩接强度(%)		—	60.0~80.0	30.0~65.0
相对打结强度(%)		—	80.0~85.0	45.0~60.0
耐热性		240~250℃开始变色,300℃变为深黄色	235℃分解,270~465℃燃烧	260~300℃开始变色

5. 合成纤维

合成纤维是以从石油、煤、天然气等自然产物中提炼出来的一些

简单低分子有机化合物为原料,经过一系列不同的化学反应,聚合或缩聚成为高分子化合物,再经纺丝拉伸,热定形等过程制成的人类所需要的纤维。这类高分子化合物是线型结构或低支化度带有支链的线型结构高分子化合物,具有一定的结晶性。只有通过纺丝拉伸与热定形等过程,才能赋予纤维一定的耐热性、化学稳定性等实用性能。

合成纤维通常具有机械强度高,耐磨性好,相对密度小,耐酸、耐碱、耐氧化剂,不易霉蛀等特点。但也存在吸湿率低、透气性差、容易产生静电、易脏,难用一般的染整方法进行加工等缺点。

目前合成纤维生产中以熔融纺丝为主,湿法纺丝次之,干法纺丝应用较少。涤纶、锦纶以熔融纺丝生产,腈纶、维纶短纤维以湿法纺丝生产,而腈纶长丝与氨纶弹力丝则是以干法纺丝为主生产的。合成纤维制品又分为长纤维和短纤维,长纤维又称长丝,是由多根单丝组成的复合丝;短纤维是把丝束切成一定长度的纤维制成的,短纤维又分为棉型、毛型和中长型三种。以下仅介绍聚酯纤维与聚氨酯弹性纤维。

(1)聚酯纤维(涤纶):聚酯纤维的商品名为涤纶,与棉混纺的织物市场上又称棉涤纶或棉的确良。涤纶性能优良,用途很广,产量在合成纤维中居首位,也是合纤中发展最快的一个品种。

为了便于比较,现将涤纶与其他几种主要合纤的物理性能列于表2-10。

① **力学性能**:涤纶各大分子之间的作用力较大,同时它的结晶度、定向度也较高,这就决定了涤纶具有较高的强度。通常涤纶与锦纶的强力持平,但涤纶的干态与湿态强度和断裂伸长率较接近,这是因为涤纶的吸湿性低的缘故。涤纶的弹性较好,这是由其分子链式结构中对称分散出现的苯环决定的,由于苯环具有平面结构,不易旋转,

表2-10 涤纶和其他合成纤维的物理性能

纤维性能 \ 纤维名称		涤纶	维纶	锦纶	腈纶	氯纶	氨纶（长丝）
相对密度		1.38	1.26~1.30	1.14	1.14~1.17	1.39	1.0~1.3
回潮率(20℃,相对湿度65%)(%)		0.4~0.5	4.5~5.0	3.5~5.0	1.2~2.0	0	0.4~1.3
断裂强度(cN/dtex)	干态	4.2~5.0	4.0~5.3	4.5~7.5	2.5~4.0	1.8~2.5	0.4~0.9
	湿态	4.2~5.6	2.8~4.6	3.7~6.4	1.9~4.0	1.8~2.5	0.4~0.9
相对湿强度(%)		100	72~85	83~90	80~100	100	80~100
断裂伸长率(%)	干态	35~50	12~26	25~60	25~50	70~90	450~800
	湿态	35~50	12~26	27~63	25~60	70~90	—
弹性回复率(伸长3%)(%)		90~95	70~85	95~100	90~95	70~85	95~100(50%伸长)
初始模量(cN/dtex)		22~44	22~62	7~26	22~55	13~22	—

当受到外力时产生变形,而一旦外力消除,纤维变形便能立即回复,所以涤纶织物挺爽不易变形。涤纶的耐磨性能仅次于锦纶,而优于其他纤维。

② 起毛起球性:涤纶最大的缺点是织物在穿着过程中容易起毛起球,严重影响外观。起毛起球的原因有三点:一是涤纶圆滑、光洁,很易从纺好的纱中滑出;二是涤纶弹性好,往往单纤维不安于位;三是涤纶强度高,起毛起球后的球粒不易从织物上断裂脱落。球粒主要是摩擦起毛后的短纤维互相缠结而成的。又由于涤纶容易产生静电,吸附灰尘污物,从而使涤纶的起毛起球现象更加明显。目前染整生产中解决起毛起球的措施主要是加强烧毛、热定形,并进行树脂整理。

③ 耐热性:合成纤维具有明显的热塑性,与其他高分子化合物一样,其在不同的温度下产生不同的变形。随着温度的升高,高分子化

合物(以涤纶为例)将出现三态,即玻璃态、高弹态与黏流态。涤纶的热稳定性良好,根据试验,涤纶在150℃的热空气中加热168h,色泽不变,强度损失小于3%。在170℃以下短时受热的强度损失,当温度降低时可以恢复。涤纶允许的使用温度范围在-70~170℃之间,低温时纤维不会发脆。在印染厂中加工纯涤或含涤混纺织物往往利用热定形工艺(温度控制在185~220℃)来掌控织物的尺寸稳定性。

④燃烧性:涤纶接近火焰时会收缩熔化为黏流态,一接触火焰立即燃烧,伴随着纤维蜷缩并熔融成珠而滴落,融珠为黑色的球,燃烧时冒黑烟,并有芳香味。离开火焰后能续燃,但易熄灭。由于熔融为黏流状,故涤纶燃烧时极易黏附于皮肤上,造成严重灼伤。

(2)聚氨酯弹性纤维(氨纶):聚氨酯弹性纤维是近20年来发展最快的一种新型高科技合成纤维,氨纶在织物中总是以长丝状态被应用,它因手感柔软,具有高弹性和高弹性回复率而被以多种方式混入纺织品中,以改善和提高纺织品的服用性能,目前应用最多的领域是牛仔布生产,它提高了织物的弹性,使服装穿着舒适合体,因而很受消费者欢迎。

①氨纶的组成结构与弹性特征:氨纶是具有软链段和硬链段的嵌段共聚高分子化合物,可以认为氨纶的分子结构是合成纤维中最复杂的。正是这种软硬链段镶嵌共存的结构,才使聚氨酯纤维同时具有高弹性与高强度。氨纶的优良弹性特征主要表现在以下三点:

a. 初始模量是纺织纤维中最低的,因此,成衣柔软性好,且能随身体运动而改变形状和尺寸,既贴身又舒服。

b. 弹性伸长是纺织纤维中最高的,可达400%~800%,伸长范围大。

c. 弹性回复率是纺织纤维中最好的,可达95%~100%,受力后的形变基本可以恢复。氨纶的耐疲劳性好应归功于它具有上述优良的弹性。

② 氨纶的形态结构和物理特性：

a. 氨纶的纺丝工艺决定其横截面形状，干法纺丝其横截面近似圆形或哑铃形，纵向为圆柱体状或带有一两个凹槽的圆柱体状，表面光滑。湿法纺丝其横截面呈不规则状，纤维表面较粗糙。

b. 氨纶的线密度通常按需要确定，一般在 22~4478dtex 之间，最细的为 11dtex，只有最细橡胶丝的 1/14，但其强度高，干态为 5~9cN/tex，为橡胶丝的 2~4 倍。湿态强度为 3.5~8.8cN/tex。其断裂伸长率也较高，为 420%~800%，氨纶的密度较低，为 1.1~1.2g/cm^3。氨纶的标准回潮率聚酯型的为 0.3%，聚醚型的为 1.3%。

c. 氨纶的耐热性较其他纤维差，但比橡胶丝好。聚醚型氨纶在 150℃ 以上时纤维变黄，175℃ 时发黏；聚酯型氨纶在 150℃ 以上时热塑性大增，弹性减小。当温度超过 190℃ 时，两者强度均明显下降，最终纤维断裂。氨纶的软化温度为 175~200℃，熔点为 230~250℃，当温度升至 270℃ 时，氨纶开始热分解。在温度一定(180~190℃)、时间一定(40~60s)的条件下给含氨纶的织物适当的张力，就能达到定形的目的，上述三项工艺条件，应根据具体情况来掌握。

d. 氨纶能经受一般的日晒，较长时间日晒(受紫外线照射)后则易泛黄变色，聚醚型氨纶比聚酯型泛黄更严重，但泛黄不会造成纤维强度立即受损。

四、织物的类型和特点

按织物原料可分为纯纺与混纺织物；若按织物用途则可分为衣着类、装饰类、卫生用、户外用及产业用织物。现分述如下：

1. 织物的分类

(1) 按构成织物的原料分：

① 纯纺织物:纯纺织物指用同一种纤维纺成的纱交织成的织物,如纯棉织物、纯麻织物等。

② 混纺织物:混纺织物指用两种或两种以上不同类纤维混纺的经纬纱织成的织物,如涤棉混纺织物、涤黏混纺仿毛织物等。

(2)按织物的用途分:

① 衣着类织物:衣着类织物指制作服装用的面料、辅料和衬布。

② 卫生用织物:卫生用织物指毛巾、浴巾、枕巾、手帕、床单、被单、毛毯等。

③ 装饰类织物:装饰类织物指窗帘、帷幔、床罩、沙发用布、椅套、地毯、壁毯等。

④ 户外用织物:户外用织物指遮阳伞、雨伞、帐篷、海滩用织物等。

⑤ 产业用织物:产业用织物指工农业、医疗和军需的各种织物,如传输带、帆布、水龙带、绝缘布、帘子布、降落伞布、绷带、滤布、筛绢等。

2.织物的组织结构

通常织物是由两组相互垂直的经纬纱,按一定的规律交叉和上下沉浮交织而成的,这种规律就叫织物组织。交织点又称为组织点,经纱浮在上面称经组织点或经浮点,纬纱浮在上面称纬组织点或纬浮点。组织点不同,织物的外观和机械性能也不同。机织物最多见最基本的织纹组织有以下四种:

(1)平纹组织:平纹组织由一组经纱和一组纬纱中的一根纱线上下交织而成,常用 $\frac{1}{1}$ 来表示。其经纬纱的交织点在各类织物中最多,因此经纬浮点最短,伸长最大,强力最高。平纹组织织物无正反面区别,是最简单的织物组织,一个完全组织由两根经纱和两根纬纱组成。

在棉织物中平纹组织应用最多,适宜做各种服装。如粗平布、中平布、细平布、府绸、麦尔纱与巴里纱等都属平纹组织。麻织物中的夏布、化纤织物中的人造棉平布、涤棉细纺、府绸等均属平纹组织。

(2) 斜纹组织：斜纹组织的特点是交织点连续并呈斜向纹路，组成一个完全组织至少要三根经纱三根纬纱。斜纹组织亦可用分式来表示，分子代表一个组织循环中每根纱线的经组织点数，分母则代表纬组织点数，分子分母之和等于该斜纹的组织循环数，箭头表示斜纹的斜向。如 $\frac{2}{1}\nearrow$、$\frac{2}{1}\nwarrow$、$\frac{3}{1}\nearrow$、$\frac{3}{1}\nwarrow$、$\frac{1}{3}\nearrow$ 等。以上分别解读为二上一下右斜纹、二上一下左斜纹、三上一下右斜纹、三上一下左斜纹、一上三下右斜纹等。在棉织物中斜纹组织应用较广，如斜纹布 $\left(\frac{2}{1}\nwarrow\right)$、单面纱卡 $\left(\frac{3}{1}\nwarrow\right)$、单面线卡 $\left(\frac{3}{1}\nearrow\right)$ 等。

(3) 缎纹组织：缎纹组织是原组织中最复杂的一种组织，由至少五根经纱和五根纬纱组成一个完全组织。缎纹组织的特点是浮点较长，交织点最少，所以手感柔软、表面光滑、富有光泽、有丝绸感。但由于浮点长，织物不耐磨，日久易产生起毛现象。缎纹组织常见的有直贡缎和横贡缎两类。

(4) 联合组织：联合组织是由两种以上原组织或变化组织按不同的方法联合而成的新组织。构成新组织的方法可能是两种组织的简单并合，也可能是两种组织纱线的交互排列或者是在一种组织上按另一种组织的规律增加或减少组织点等等。由各种不同的联合方法，可以获得多种不同的联合组织，其中应用较广的有特点外观的有以下几种：

① 条格组织：它是由两种或两种以上的组织并列配置而成的，由于构成织物的是各种不同的组织，其织物就呈现出清晰的条或格的外观。条格组织广泛应用于各种不同的织物，如衣着织物、床单、被套等，条格组织中以纵向条纹组织应用最广。

②绉组织：织物组织中不同长度的经、纬浮纱或线，在纵横方向交错排列，使织物表面具有规律不明显的、分散的细小颗粒状外观，从而使织物呈现出"皱"的外观组织，称为绉组织。这类绉织物较平纹织物手感柔软、厚实、弹性好、表面反光柔和，不少消费者乐于采用。

③透孔组织：以这种组织织成的织物，其表面具有均匀分布的小孔，故称透孔组织。透孔织物一般用做夏季服装，主要取其多孔、轻薄、凉爽，易于散热的特点，如各种网眼布与花式透孔织物等。

④凸条组织：织物正面产生纵向、横向或斜向的凸条，而反面则为纬纱或经纱的浮长线组织，称为凸条组织。该组织由浮纱较长的重平组织和另一种简单组织联合而成；其中简单组织起固定浮长线的作用，并形成织物的正面，称为固结组织。若固结纬重平的纬浮长线，凸显纵凸条纹；固结经重平的经浮长线，则显横凸条纹。在凸条组织中，重平组织浮长线的长度不宜少于四个组织点，因为浮线太短，凸条就不明显。固结组织常用平纹、$\frac{1}{2}$斜纹、$\frac{2}{1}$斜纹等组织。但在凸条组织中以平纹固结的织物在实际生产中应用较广。

⑤平纹底小提花组织：在平纹底组织上配置各种小花纹的组织，统称平纹底小提花组织。这类织物外观紧密、细洁，花纹不太突出，从织物整体看，应以平纹为底，适当均匀加些小提花。在实际生产中这类织物大多数是色织物，即经纬纱全部或部分采用异色纱，也可适当配一些花式线。平纹底小提花织物是薄织物中的主要类型之一，其应用日趋广泛，深受消费者欢迎。

五、烧毛的工艺流程与目的

坯布翻缝接好以后，第一道加工工序就是烧毛工序。烧毛工艺的基本过程如下：

进布→刷毛→烧毛→冷却与灭火→(浸轧退浆液)→打卷堆置

当然这一基本过程要针对不同的织物与不同的退煮漂工艺有所删减与加强,这在以后会重点介绍。

烧毛的目的主要是烧去织物表面的绒毛,使染整加工后的织物表面光洁、滑爽,但对织物不能有任何损伤。这就要求控制好织物通过火口的次数、火口火焰温度与烧毛车速等几项工艺条件。

六、烧毛机械设备简介

烧毛机是印染厂在加工织物中应用的重要机械设备之一,该机的加工质量对于成品的质量风格起着相当关键的作用。烧毛工首先要对烧毛机械设备有粗浅的入门知识。

烧毛机应包括进布装置、刷毛箱、烧毛装置、灭火箱、冷水冷却辊、浸渍槽连轧车和出布装置。根据烧毛方法与燃料热源的不同,烧毛机可分为燃气烧毛机与热板烧毛机两大类,现简述如下(详细内容见本书第三章及第九章):

1. 燃气烧毛机

燃气与空气的混合气体输送至火口喷出并点燃,以燃烧的火焰烧去织物表面的绒毛,这类烧毛机称为燃气烧毛机,一般有 4~6 只火口。

燃气主要有天然气、煤气、液化石油气与汽油汽化气等几类。

2. 热板烧毛机

采用固体或液体燃料将铜板或合金钢板烧透至灼热赤红状态,通过导布装置使织物正反两面接触灼热赤红的热板以灼去绒毛,这类烧毛机称为热板烧毛机。

热板烧毛机有两种:铜板烧毛机与圆筒烧毛机。

七、烧毛机操作常识

（1）开车前先检查全机，然后清洁加油，并根据工艺要求做好穿头引布准备工作，同时配好退浆液。

（2）开车时启动传动的同时应开启风泵，待导布到达火口后即开燃气阀点火，并调整车速至规定要求。同时调节火焰宽度稍大于布幅即可。

（3）烧毛火口火焰调节主要以燃气压力与燃气阀门开启大小、空气阀门开启大小和火焰纯正有力不飘动为准。运转中火口中部有缺口只需用专用工具，即长柄，一端嵌上薄铁片，用此铁片通火口，即能消除缺口。

（4）烧毛机清洁、加油等保养知识：

烧毛机清洁的重点是刷毛箱、烧毛火口与排气烟罩等。

① 刷毛箱内毛刷辊与金刚砂辊上黏附的绒毛与纱头等一定要清理干净，不能留有任何残余，以免影响刷毛效果，箱内上下底部留存的花毛等也应一并清除干净。

② 烧毛火口必须用手提吹风机吹过，然后用专用薄片通过，最后还需再吹一次。

③ 用长柄扫帚扫除烟罩内的积灰。

④ 手工清理灭火箱与浸渍槽内的花毛、纱头与其他杂物。

⑤ 停车后气动加压必须卸压，使轧车轧辊脱开，以免久压形成凹印，造成开车时轧压不匀；穿导带时轧辊压力应减小些，防止磨损轧辊。

⑥ 在烧毛火口边上通冷水导辊的轴承，需定期加高温润滑油。减速箱内的润滑油必须保持一定的油位高度和清洁度。

第二节　安全知识

根据国家有关部门颁发的《中华人民共和国安全生产法》、《中华人民共和国消防法》、《安全生产行业标准管理规定》、《安全生产标准制修订工作细则》等法律和规章制度，我们印染行业的生产也必须坚持以人为本，全面、协调的可持续发展观，要以安全发展为指导原则，坚决贯彻安全第一、预防为主、综合治理的方针，按照标本兼治、重在治本的要求，以隐患排查治理为基础，提高安全生产水平，减少事故的发生，保障人身安全健康，保证生产经营活动正常进行，全面提升企业安全生产水平。

各生产企业应根据生产特点，编制岗位安全操作规程，并发放到相关岗位。还应对从业人员进行安全教育和生产技能培训，使他们熟悉有关安全生产的规章制度和安全操作规程，并通过考核确认其能力符合上岗要求；未经安全教育培训或培训考核不合格者，不得上岗作业。

一、防火、防爆、防化知识

1. 防火基本知识

消防工作必须坚持"预防为主，防消结合"的方针。

（1）各生产企业应指定一位领导与专业人员具体负责，要制订本企业的防火工作计划，组建消防队伍，绘制消防器材平面配置图。

（2）消防器材要由保卫部门或指定的专业人员负责，并登记造册，建立台账。

（3）烧毛车间是隐患区，必须对练漂车间负责人、烧毛挡车工、进出布工明确分管责任，使消防工作落实到位。

(4)建立定期检查制度,若发现隐患,应及时整改,并记录在安全台账上。

当火灾发生时应有效地组织灭火,正确使用灭火方法,并应注意以下几点:

(1)发现起火时判断起火部位和燃烧的物质,并迅速报警。

(2)在报警的同时,消防队到达前,灭火人员应当切断电源,加强冷却,筑堤堵截,搬开着火区周围的易燃、易爆物品,减小火势的发展,还要根据起火的物质,选用相应的灭火方法与用品。

(3)灭火现场必须有专人统一指挥,防止混乱。灭火中应防止中毒、倒塌、坠落伤亡事故。还应注意保护好现场的痕迹和遗留物品,以便查证起火原因与分析事故。

(4)根据不同火种,正确选用灭火方法与器材:

① 水是最常用的灭火物质。水有冷却作用,热容量大,蒸发时能吸收大量热量,当空气中水蒸气含量达30%以上时就能灭火。水可以扑灭任何建筑物和一般物质(纺织品、木制品等)的火灾。但电石、浓硫酸等遇水会爆炸的物质不能用水灭火。带电设备不能用水灭火,因水能导电,可能造成人身伤亡事故。汽油等也不能用水灭火。

② 常用灭火器材的正确使用:

a. 泡沫灭火器:由硫酸铝、碳酸氢钠、发泡剂按比例配制而成,当两组物质混合时即产生大量的二氧化碳泡沫,用于扑灭汽油、煤油、油漆等易燃物的火灾,但不可用于带电电器的灭火。

b. 1211化学液体灭火器:1211是二氟一氯一溴甲烷,分子式为CF_2ClBr,常温时为液态,易于汽化,无色无刺激性气味,对金属无腐蚀作用。1211灭火器适用于扑灭油类、易燃液体、气体和电器设备、精密仪器等的初起火灾,可在图书馆、资料室、精密仪器房等处配置。还应注意的是:1211在空气中含量<4%时比较安全,当浓度达到5%~10%时即会引起人身中毒。另外,灭火时间不宜过长,勿使气体、有毒物质接近人体。

c. 化学干粉灭火器:干粉灭火剂无毒,不易变质,对人畜无害,对容器无腐蚀,易于长期保存使用。使用时手提灭火器,撕去器头上的铅封,拔去保险销,一手握住胶管,将喷嘴对准火焰根部。另一只手按下把柄,干粉即可喷出灭火。喷粉由近及远,平移向前,左右横扫,不使火焰窜回。喷粉不能直接冲击油面,以防飞溅,造成灭火困难。

(5)当人身着火时可采取以下措施:

① 迅速脱去已着火的衣、帽、鞋、袜。

② 来不及脱衣则可就地打滚灭火或用水淋湿全身。

③ 用湿床单或毯子包裹着火者。

2. 防爆基本知识

当物质在极短的时间内完成燃烧反应,并产生巨大的热量与气体,气体受高温作用剧烈膨胀,产生压力波,并具有极大的冲压力,这种现象就叫爆炸。爆炸必须具备三个条件:即可燃物、助燃物和一定的温度。

燃烧和爆炸的区别在于氧化速度不同,而氧化速度决定于点火前可燃物质与助燃物质(气体)是否混合均匀。例如汽油在敞开容器里能爆炸,而燃块可以安全地燃烧,但燃尘却能爆炸。

按物态区分,爆炸有四种:气体、蒸气爆炸,雾滴爆炸,粉尘、纤维爆炸,炸药爆炸。

前三种是可燃物质与空气或氧气均匀混合后才能爆炸,称为分散相爆炸;第四种是不需与空气混合的固体或半液体的爆炸,又称凝聚相爆炸。

防止汽油混合气与液化石油气爆炸燃烧的措施：

（1）消除一切火种与静电，使用无火花工具。

（2）安装防爆开关，加强通风措施，降低现场环境温度。

（3）在室内嗅到液化石油气味，严禁点火，不可合电闸开关，同时必须及时打开门窗，通风换气。

（4）经常维护与检查管道、阀门和容器，发现漏气要及时修好。

3．防化基本知识

目前危险化学品中毒、污染事故的预防控制措施主要是采用替代品，生产企业变更工艺，生产场地隔离通知，生产人员个体防护与保持卫生。一旦发生危险化学品中毒、污染事故时，要采取：

（1）应急处理：将事故有关人员安排至上风口，并立即隔离，严格限制人员出入。应急人员应佩戴呼吸器，穿防毒服。尽可能切断泄漏源，并加强通风，加速扩散，同时喷洒稀释中和液。对污染区进行有效隔离与防护。

（2）急救处理：

① 皮肤接触：脱去被污染的衣着，用流动清水冲洗。

② 眼睛接触：拨开眼睑，用流动清水或生理盐水冲洗，然后就医。

③ 吸入：迅速脱离现场至空气新鲜未污染处，保持呼吸道畅通。呼吸困难者，要输氧。若停止呼吸，应立即进行有保护措施的人工呼吸，并立即就医。

二、安全操作知识

（1）上岗时必须穿戴好规定的工作着装。

（2）工作前应仔细检查烧毛设备、油泵推布车、落布卷布机、燃气和空气供应系统等是否安全可靠、正常，并了解场地环境情况。

(3) 各项操作要严格执行岗位操作规程。

(4) 设备发生故障时要切断电源,并挂上警告牌。

(5) 发生触电事故应立即切断电源。应采用安全、正确的方法立即对触电者进行救护。

三、安全用电、用气(汽)知识

(1) 电器设备和线路应符合国家有关安全规定,电器设备应有可熔保险和漏电保护装置,绝缘必须良好,并有可靠的接地和接零保护措施。

(2) 用气(汽)的设备,一定要在设备规定的允许压力范围内供气(汽),其气(汽)压不得超过允许压力的上限。还须防止大量蒸气(汽)冲击影响其他设备,特别是电器设备。

第三节　相关法律、法规知识

(1) 了解《中华人民共和国劳动法》的相关知识:本法旨在完善劳动合同制度,明确劳动合同双方当事人的权利和义务,保护劳动者的合法权益,构建、发展和谐稳定的劳动关系。

(2) 了解《中华人民共和国产品质量法》的相关知识:本法规定了生产者、销售者应当建立健全内部产品质量管理制度,严格实施岗位质量规范、质量责任以及相应的考核办法。

(3) 了解《中华人民共和国合同法》的相关知识:本法保护合同当事人的合法权益,维护社会经济秩序,促进社会主义现代化建设。

(4) 了解《中华人民共和国环境保护法》的相关知识:本法规定一切单位和个人都有保护环境的义务,并有权对污染和破坏环境的单位和个人进行检举和控告。

（5）了解《中华人民共和国安全生产法》的相关知识：本法旨在加强安全生产监督管理，防止和减少生产安全事故，保障人民群众生命和财产安全，促进经济发展。安全生产管理要坚持安全第一、预防为主的方针。生产经营单位必须遵守本法和其他有关安全生产的法律、法规，加强安全生产管理，建立、健全安全生产责任制度，完善安全生产条件，确保安全生产。生产经营单位的主要负责人对本单位的安全生产工作全面负责。生产经营单位的从业人员有依法获得安全生产保障的权利，并应当依法履行安全生产方面的义务。工会依法组织职工参与本单位安全生产工作的民主管理和民主监督，维护职工在安全生产方面的合法权益。生产经营单位必须执行依法制定的保障安全生产的国家标准或者行业标准。

（6）了解《中华人民共和国消防法》的相关知识：本法旨在预防火灾和减少火灾危害，加强应急救援工作，保护人身、财产安全，维护公共安全。

（7）了解《中华人民共和国职业病防治法》的相关知识：本法旨在预防、控制和消除职业病危害，防治职业病，保护劳动者健康及其相关权益，促进经济发展。

（8）了解《中华人民共和国专利法》的相关知识：本法旨在保护专利权人的合法权益，鼓励发明创造，推动发明创造的应用，提高创新能力，促进科学技术进步和经济社会发展。

（9）了解《中华人民共和国著作权法》的相关知识：本法旨在保护文学、艺术和科学作品作者的著作权，以及与著作权有关的权益，鼓励有益于社会主义精神文明、物质文明建设的作品的创作和传播，促进社会主义文化和科学事业的发展与繁荣。

(10) 了解《中华人民共和国商标法》的相关知识:本法旨在加强商标管理,保护商标专用权,促使生产、经营者保证商品和服务质量,维护商标信誉,以保障消费者和生产、经营者的利益,促进社会主义市场经济的发展。

(11) 了解《中华人民共和国标准化法》的相关知识:本法旨在发展社会主义商品经济,促进技术进步,改进产品质量,提高社会经济效益,维护国家和人民的利益,使标准化工作适应社会主义现代化建设和发展对外经济关系的需要。工业产品方面,要求以下项目制定标准:

① 工业产品的品种、规格、质量、等级或者安全、卫生要求。

② 工业产品的设计、生产、检验、包装、储存、运输、使用的方法或者生产、储存、运输过程中的安全、卫生要求。

③ 有关环境保护的各项技术要求和检验方法。

④ 有关工业生产、工程建设和环境保护的技术术语、符号、代号和制图方法。

(12) 了解《中华人民共和国计量法》的相关知识:本法旨在加强计量监督管理,保障国家计量单位制的统一和量值的准确可靠,有利于生产、贸易和科学技术的发展,适应社会主义现代化建设的需要,维护国家、人民的利益。在中华人民共和国境内,建立计量基准器具、计量标准器具,进行计量检定,制造、修理、销售、使用计量器具,必须遵守本法。

(13) 了解国内国际纺织品相关条款的常识:国际上,主要纺织品相关条款都要依据《中国加入 WTO 工作组报告书》、《中国入世议定书》以及 WTO 体制内的相关规定或协议。

比如"绿色壁垒"是指发达国家为保护环境和保障人身安全,通过立法或制定严格的强制性技术标准,限制不符合生态环保标准的国外产品进口。像《欧盟生态纺织品标准》、《Oko-tex 100 纺织品环保标准》、《禁用有害偶氮染料指令》等,这些法律法规对纺织品的 pH 值、甲醛含量、可萃取重金属、农药残留、有害偶氮染料的最高限量以及染色牢度等级分别作出了严格的规定,并且这些法规性技术标准,已经成为鉴定纺织产品质量的重要国际标准,在国际贸易中被强制性地广泛采用。由于这些强制性的技术标准都是以欧美发达国家自己的技术水平为基础,发展中国家为达到这些要求,将使其纺织品出口成本上升。一方面厂家为了避免产品中含有禁用染料,不得不使用昂贵的环保染料;另一方面禁用染料检测费用较高,如印花制品必须对每种颜色抽取样品,并对每个样品逐个进行检测分析,而检测费是根据色样的多少来收取的。

绿色工业是我国绿色国民经济体系的一个重要环节,发展循环经济,建设节约型社会,转变经济增长方式,必须制定和实施绿色发展战略。工业企业要制定以循环经济为依托的绿色发展规划和实施方案,按照绿色低碳理念设计企业的发展战略、生产流程、营销模式和企业文化。

(14)了解《公民道德建设实施纲要》的相关知识:

① 基本道德规范:爱国守法、明礼诚信、团结友善、勤俭自强、敬业奉献。

② 社会公德:文明礼貌、助人为乐、爱护公物、保护环境、遵纪守法。

③ 职业道德:爱岗敬业、诚实守信、办事公道、服务群众、奉献社会。

④ 家庭美德:尊老爱幼、男女平等、夫妻和睦、勤俭持家、邻里团结。

下篇 初级工

第三章 烧毛前准备

第一节 生产与坯布准备

学习目标:了解烧毛前生产与坯布准备的各项要求,掌握烧毛前各项准备工作的技能。

一、操作技能

(1)能区分生产中的常见织物品种与正反面,并按生产计划单准备坯布。

(2)能使用平缝机顺利缝接箱与箱之间的接头,缝头必须做到平、直、齐、牢,正反面一致。

二、相关知识

1. 生产计划单与生产流程卡的有关内容

(1)生产计划单:生产计划单见表3-1。

表3-1 生产计划单

合同要求批号	品种	规格	坯宽(cm)	数量(匹)	箱匹	主要工艺流程
001	纯棉染色府绸	14.5tex×14.5tex,484根/10cm×263.5根/10cm	96.5	576	72	烧毛→退煮漂→丝光→染色→整理→验卷

印染烧毛工

续表

合同要求批号	品种	规格	坯宽(cm)	数量	箱匹	主要工艺流程
002	纯棉印花纱哔叽	32tex×32tex,310根/10cm×220根/10cm	86.5	576	72	烧毛→退煮漂→丝光→复漂→印花→整理→验卷
003	纯棉漂白半线府绸	14tex×2×21tex,346根/10cm×236根/10cm	91.5	576	72	烧毛→退煮漂→丝光→复漂→整理→验卷
004	纯棉染色纱卡其	29tex×29tex,425根/10cm×228根/10cm	99	720	72	烧毛→退煮漂→丝光→复漂→整理→验卷

注 每匹以30m计。

(2)生产流程卡:生产流程卡见表3-2。

表3-2 生产流程卡

正面					反面			
合同要求批号	成品幅宽(cm)	品种	规格	箱匹数	箱号	定级开剪记录		
					定级工			
工艺流程\班别		早	中	夜	一等品	二等品	三等品	等外品
烧毛								
退煮漂								
丝光								
染色								
印花								
整理								
复漂								

续表

工艺流程＼班别	正面			反面			
	早	中	夜	一等品	二等品	三等品	等外品
增白							
拉幅							
预缩							

2. 常见织物品种、规格与表示法

印染厂加工的主要对象是棉及其混纺纱线的机织物。织物在未经染整加工前,称原布或坯布。坯布按织纹组织不同,有细布、府绸、斜纹、华达呢、卡其、直贡、横贡等,其规格也各不相同。

(1)机织物的品种:机织物是在织机上,由一组纵向的纱线(经纱)和一组横向的纱线(纬纱)按照一定规律交织在一起而形成的。经纱和纬纱交错的规律称为织物的组织。织物最简单的组织是三原组织,又称基本组织。以三原组织为基础加以变化或联合使用几种组织,可得到各种各样的织物组织。现分述如下:

① 平纹组织及其织物:平纹组织是所有织物组织中最简单的一种。图3-1为平纹组织的示意图。平纹织物的经纬纱,每间隔一根

图3-1 平纹组织

印染烧毛工

纱线就进行一次交织,因此纱线在织物中的交织最频繁,屈曲最多,织物挺括坚牢,使用最为广泛。如棉织物中的细布、粗布、府绸、帆布等,毛织物中的派力司、凡立丁、法兰绒等,丝织物中的纺绸、乔其、塔夫绸等均为平纹组织的织物。此外 $\frac{2}{2}$ 双经布和经纱以双根和单根相互间隔交替的麻纱,也属平纹织物。平纹织物可用分式 $\frac{1}{1}$ 表示,其中分子表示经组织点,分母表示纬组织点。习惯上称平纹组织为一上一下。

② 斜纹组织及其织物:斜纹组织的特点在于这类织物的表面上有经浮长线或纬浮长线构成的斜向织纹。

斜纹组织的一个组织循环至少由三根经纱和三根纬纱构成。斜纹组织的经纬纱交叉点比平纹组织少。图3-2为常见斜纹组织的示

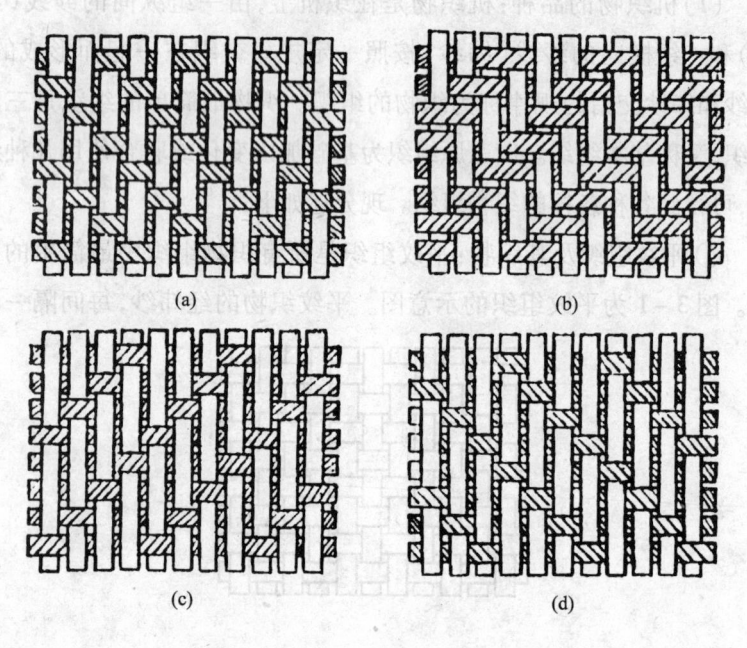

图3-2 斜纹组织

意图。其中图3-2(a)所示的斜纹组织可用$\frac{2}{1}$↖表示,称为二上一下左斜纹。图3-2(b)所示的斜纹组织可用$\frac{2}{2}$↗表示,称为二上二下右斜纹。图3-2(c)所示的斜纹组织可用$\frac{3}{1}$↗表示,称为三上一下右斜纹。图3-2(d)所示的斜纹组织可用$\frac{3}{1}$↖表示,称为三上一下左斜纹。

棉织物中的斜纹布为$\frac{2}{1}$↖,单面纱卡其为$\frac{3}{1}$↖,线哔叽、华达呢及双面线卡其为$\frac{2}{2}$↗,单面线卡其为$\frac{3}{1}$↗,精纺毛织物中的单面华达呢为$\frac{3}{1}$↗。

欲使斜纹织物的纹路清晰,应对纱线的捻向有所选择。经面右斜纹组织,其经纱宜采用S捻;而经面左斜纹组织,其经纱宜采用Z捻。

③ 缎纹组织及其织物:缎纹组织是原组织中最复杂的一种组织。每个组织循环至少由五根经纱和五根纬纱构成。图3-3为缎纹组织

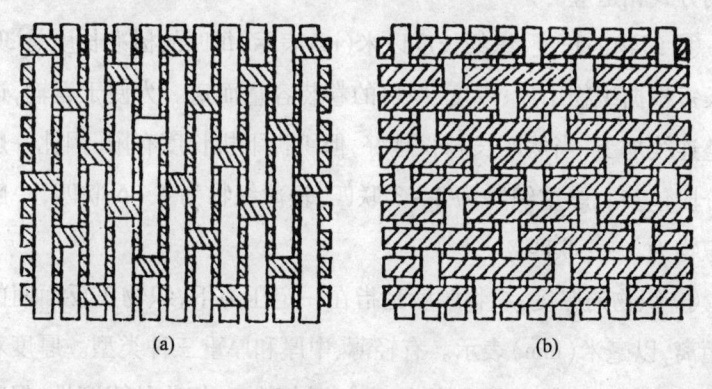

图3-3 缎纹组织

印染烧毛工

示意图。其中图3-3(a)为经面缎纹组织,图3-3(b)为纬面缎纹组织。

缎纹织物的表面被一组浮长较长的纱线(经纱或纬纱)所覆盖,而不显露出另一组纱线。织物的正反面有明显区别。正面特别平滑而富有光泽;反面无光泽,而且比较粗糙。由于其经纬纱的交叉点最少,所以织物手感最柔软,但强度也最低,不耐摩擦。棉织物中的直贡、横贡,毛织物中的直贡呢、横贡呢都是缎纹织物,软缎则是缎纹丝织物中的代表性品种。

(2)织物规格的表示方法:以棉布为例,在表示织物的规格时,通常要注明织物名称、幅宽、匹长、经纬纱特数、经纬纱线密度、织物紧度、密度、厚度、断裂强度、断裂伸长率、织物组织、布边组织,如果是混纺织物,还应注明混纺比例。现分述如下:

① 织物的宽度:织物宽度是指织物纬向的最大尺寸,它的幅宽和印染加工的幅宽加工系数(见印染棉布国家标准)有关。目前国际市场上已向宽幅方向发展,如162.5cm(64英寸)以上幅宽的织物。织物幅宽除根据市场、用途要求外,还须和纺织印染生产条件及服装裁剪缝制方式相适应。

② 织物的长度:织物长度以米(m)表示,每匹的标准长度是30m,其长短根据织物用途、厚度、织机的卷装容量而定。为便于运输,适应染整连续加工,当然匹长越长越好,但织机下机长度有限,因此一般联匹分段包装。厚重织物为2~3联匹,轻薄织物为4~6联匹,一般中厚织物为3~4联匹。

③ 织物的厚度:织物厚度是指在一定压力下,织物正反面间的垂直距离,以毫米(mm)表示。有轻薄、中厚和厚重三种类型。厚度对织物的物理机械性能有很大影响,在相同条件下,织物的耐磨性、保暖性

随织物厚度的增加而增加。织物厚度依据用途和特种技术要求而定。

④ 织物的密度和紧度：织物的密度是衡量织物内纱线排列疏密的指标，用单位长度内包含的纱线根数来表示。沿织物宽度方向单位长度纱线的根数称经向密度（经密），沿织物长度方向单位长度纱线的根数称纬向密度（纬密），均用根数/10cm 表示。

紧度是织物的结构特征。由于织物密度不包含纱线的粗细因素，因而不能正确表达织物中纱线排列的紧密程度。织物紧度是织物中的纱线投影面积对织物全部面积的比值（%），经纱所占面积的比值称经向紧度，纬纱所占面积的比值称纬向紧度，经纬纱所覆盖面积与全部面积的比值称总紧度。紧度与密度、纱线粗细有关。紧度也影响织物强力、耐磨性、透气性和织物的风格特征。

棉布的布面风格和结构特征见表3－3。

表3－3 棉布的布面风格和结构特征

组织类别	布面风格	织物组织	结构特征			
			经纱紧度（%）	纬纱紧度（%）	经纬紧度比值	总紧度（%）
平布	经纬纱密度适当，比例接近，布面平整	$\frac{1}{1}$	45~55	45~55	约1:1	60~80
府绸	高经密低纬密，布面经浮呈现颗粒，粒纹清晰、薄爽柔软、光滑似绸、光泽莹润	$\frac{1}{1}$	纱65~70 线70~80	40~50	约5:3	75~90
斜纹布	质地松软，布面呈斜纹状	$\frac{2}{1}$	65~75	40~55	约3:2	75~90
哔叽	经纬纱密度接近，斜纹纹路接近45°	$\frac{2}{2}$	60~70	50~55	约6:5	纱<85 线<90

印染烧毛工

续表

组织类别	布面风格	织物组织	结构特征			
			经纱紧度（%）	纬纱紧度（%）	经纬紧度比值	总紧度（%）
华达呢	组织比哔叽紧密,高经密低纬密,斜纹纹路接近63°	$\frac{2}{2}$	75~95	45~55	约2:1	纱85~90 线90~98
卡其	组织比华达呢紧密,高经密低纬密,布身挺,斜纹纹路明显	$\frac{2}{2}$	纱卡其 80~90	50~60	约2:1	纱>90 线>95
		$\frac{3}{1}$	线卡其 100~110			纱>85 线>90
直贡	高经密织物,布身柔软,织物正面经纱浮点长,布面平滑,反光性好	$\frac{4}{1}$	78~80	45~55	约5:3	>75
横贡	布身柔软,织物正面纬纱浮点长,布面平滑,反光性好	$\frac{1}{4}$	45~50	55~80	约2:3	>75
麻纱	布面呈直条纹路,布身挺爽	$\frac{2}{1}$ 纬重平	40~50	45~55	约3:4	>60

注 纱指纱织物,线指线织物。

⑤ 经纬纱的线密度：它是织物的重要指标，一般高档织物用线密度小的纱，中、低档织物用线密度较大的纱。在密度相同的条件下，纱线线密度大的织物紧度也大，织物显得硬挺厚实；纱线线密度小的织物紧度小，织物显得轻薄、松软、透气。

⑥ 织物的断裂强度：织物断裂强度是指在织物强力机上夹持$20cm \times 5cm$的布条拉断时所需的力，以千克力（kgf）、牛顿（N）等单位表示，法定单位是牛顿，换算关系为：

$1\text{kgf} \approx 9.81\text{N}$

断裂强度随纱线细度、捻度、密度、组织等而变,是织物耐用性的主要指标。在其他条件相同时,通常是平纹组织强力最高,斜纹次之,缎纹类较差。

⑦ 织物的断裂伸长率:断裂实验时,织物的伸长称断裂伸长,它与试样原长的百分比称断裂伸长率。断裂伸长率表示织物所能承受的最大伸长变形能力,是织物性能的重要指标。通常纱线本身伸长大,织物伸长也大;纱线越粗,密度越高,交织点越多,织物伸长也越大。织物的断裂伸长率应根据用途确定,制作服装时,机织物不像针织物,本身缺乏伸展性,若伸长率较小会使人体的活动受到约束,产生不舒服的感觉。但有的产业用布由于技术性的要求,反而要求织物的断裂伸长率越小越好。

⑧ 布边组织:织布时加上布边的目的是为了增加强度,防止经纱滑脱或断头,并保持一定的幅宽。在染整生产中布边组织起到防止卷边和防止由于机械张力过大而使织物豁边的作用。布边也可作为某些特殊织物的标记。布边组织应根据织物地组织、经纱紧度以及经纱缩率而定。织物布边不宜过宽,应占布幅的0.5%~1.5%,某些线卡、哔叽,当纬密不大时可以不用布边,特殊织物如雨伞布,布边宽度可达5cm以上,约占布幅的10%。

坯布经染整加工后,织物变化的一般规律是:幅宽缩小,织物伸长;纬密减小,经密增加;强力减小,纱支变细;平方米重量减小,柔软吸湿性增加。

3. 平缝机的使用与缝头工艺要求

(1) 平缝机的使用:

① 检查平缝机并清除油眼污垢,然后在油眼处与面板内部加油,

最后在机头底部与机架部分加油,总之机件转动与升降处都要加 1~2 滴油。

② 踏空车试运转,缝纫机要轻便正常,无轻重不一和不正常噪声,运转声音应轻快而有规律。

③ 用 60 英支/6,即 10tex×6 线正式缝头时,缝线轨迹要整齐而无跳针、断线和轧线等问题。亦可用 42 英支/6,即 4tex×6 线来缝头。

(2)缝头的工艺要求:

① 两层布头要对齐放平。

② 缝头时缝线针脚要直与牢。

③ 两层布面要正面或反面一致,不能正面与反面相缝。

三、注意事项

(1)按生产计划单指定的品种依先后次序与数量进行烧毛。

(2)加工品种与数量必须与生产流程卡一致。

(3)填写生产流程卡不能有误。

第二节 烧毛机穿头引布

学习目标:熟悉烧毛机的组成结构,掌握烧毛机常用工艺的穿布路线。

一、操作技能

(1)会检查烧毛机进布至出布,包括刷毛箱、烧毛火口、冷却装置、灭火装置、平幅浸轧机等,若有不正常、不清洁单元,必须处理好方可穿头引布。

(2)能按工艺指定书要求(包括刷毛箱松紧、火口烧几正几反,是否用灭火箱或浸轧退浆液)全机穿头引布。

二、相关知识

1. 燃气烧毛机的基本结构,各单元的名称和作用

燃气烧毛机由进布装置、刷毛箱、烧毛装置、灭火落布装置等主要部分组成,如图3-4所示,是目前使用最广泛的一种气体烧毛机。它结构简单,操作方便,燃料来源丰富,劳动强度较低,生产效率较高。

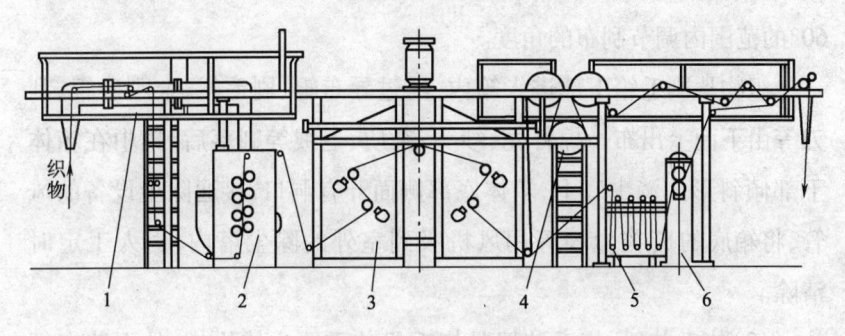

图3-4 燃气烧毛机
1—吸尘风道 2—刷毛箱 3—燃气烧毛装置 4—冷水冷却辊
5—浸渍槽 6—轧液装置

(1)进布装置:它的作用是使织物平整无皱地按照一定的位置进入机台,机架上装有导布木条或导布管、紧布器、吸边器、导布辊等。由于烧毛机的车速较快,为了避免织物起皱,应适当增加进布装置的高度和长度,以增加织物的经向张力。为了改善车间环境,机架横梁上装有罩壳,并要定期清除纱灰。

(2)刷毛箱:设置刷毛箱是为了刷去织物表面上的部分绒毛、纱头、杂质和尘埃,并使未刷去的绒毛竖立,以利于烧毛。

刷毛箱的外形为一直立式的铁箱,箱内装有四只刷毛辊、四只金刚砂辊和两把刮刀。刷毛辊和金刚砂辊与布运行方向相反回转刷毛,它们的排列次序为:刷毛辊一对⟶金刚砂辊一对⟶刮刀两把⟶刷毛辊一对⟶金刚砂辊一对。刷毛箱箱体左右墙板为铸铁制成,其他为型钢结构组成。刷毛辊、金刚砂辊的直径均为190mm,转速为185r/min。每对辊由交流电动机通过三角皮带轮、平皮带轮传动。根据各种织物品种对刷毛的不同要求,每对辊可借手动蜗杆蜗轮调节辊与织物接触,以便对不同的织物进行重刷、轻刷甚至不刷。在刷毛箱侧面装有指针及刻度,便于观察和检查。刮刀的材料为不锈钢,可在60°的范围内调节刮布的角度。

织物从刷毛箱下部进入箱内,经过导布辊、刷毛辊、金刚砂辊、刮刀等由下而上出布。棉籽壳、纱头、杂质、毛绒等刷落后,集中在箱体下部倾斜形的淌尘底上,箱体底部侧面开有洞口,接通除尘设备的风管,将箱底的废花尘埃等用风机吸到室外的除尘塔内,由人工定时清除。

(3)烧毛装置:烧毛装置是烧毛机的重要主体机械,外面装有烟罩,烟罩顶上有排气风机。该装置供经过刷毛的坯布进行正反两面烧毛。

烧毛装置的机架由铸铁或型钢制成,左右机架中心距按用户要求而定,机架上装有高效火口四至六只,或复式火口四只,并装有若干导辊(内通冷水)供穿布用。火口上下中心距为650mm,前后中心距不少于660mm。每只火口端部装有燃气旋塞、空气旋塞和风压调幅旋塞,供调节可燃气体与空气的混合比,调节空气引射可燃气体的流速和烧毛火口的火焰幅度之用。在火口端面设有点火器,揿按电钮能自动点火。燃气总管上装有0.2mm厚的工业纯铝制防爆膜。在燃气总管进入火口前,装有65mm的电磁阀,电磁阀与烟罩排风机及主传动均有联锁装置,以保证安全。排风机及主传动电动机启动后,才能打开电磁阀;如果排风机及主传动电动机停转,电磁阀立即自动关闭,停止供应燃气,避免火警事故。

火口间隙可根据燃料不同,事先进行调节。一般煤气烧毛火口的间隙为 0.7~1mm,丙烷、丁烷烧毛火口的间隙为 1.2mm,汽油气烧毛火口的间隙为 0.6~0.8mm。

火口与织物的间距,可通过手动调节控制导辊的高低来实现,最大间距可调至 30mm。导辊直径为 150~200mm,由双列向心球面球轴承支承。

火口外部装有落地烟罩,并设有扯门视窗,便于出入和检查。罩侧操作面装有倾斜式的管路控制台,罩内的三种旋塞均接长柄于控制台上,可在罩外操作。罩顶设有离心风机及烟囱,以便排除烟气。

当用煤气或丙烷、丁烷作为燃料时,装有高压离心式鼓风机一只(风量 543m^3/h,风压 70.1kPa,转速 4500r/min,叶轮直径 300mm),用来输送空气。

(4)平洗槽:平洗槽为不锈钢制成,无盖,上排装有导布辊四只,下排五只,直径均为 100mm,容布量约为 10m。槽内可放入自来水,并装有直接蒸汽加热管,可供织物浸轧热水及轧酶退浆或轧碱氧退浆之用。

(5)两辊直立式轧车:轧车机架用铸铁制成,机架上装有上下两只轧辊,轧辊直径均为 250mm。下轧辊为主动辊,采用铸铁筒身外包硬橡胶制成;上轧辊为被动辊,采用铸铁筒身外包邵氏 A 80 的软橡胶制成。轧辊两端均以双列向心球面滚子轴承支承。

轧车机架左右两端有双层薄膜气压式加压装置,当表压为 49.1~392.4kPa 时,轧点总压力为 133~665Pa,能满足较大的线压力与较低的轧液率。

(6)平幅出布装置：平幅出布装置分两种，一种是摆动式落布装置，由牵引导布主动辊连压辊、摆动落布部分与传动部分组成，布落入容布车。另一种是成卷落布装置，分被动成卷落布和主动成卷落布两种。以主动成卷较好，但都要有定制的卷布车。

(7)灭火落布装置：织物经烧毛后，布面温度高，甚至沾有火星，若不及时熄灭和降低织物温度，就会造成织物的损伤，甚至引起火灾。因此，烧毛后应立即使织物通过灭火装置以熄灭火星和降低布温。灭火装置大致分两种：一种是蒸汽灭火槽，经烧毛的织物利用蒸汽喷雾灭火，适用于干态落布；另一种是浸渍槽灭火，烧毛后的织物浸入盛有热水或退浆液(淡碱或酶液)的灭火槽，以达到灭火及初退浆的目的，目前大部分印染厂采用此种装置。

为了减轻操作烧毛机的劳动强度，避免运转中因电气或机械故障突然停车而烧毁织物，现多装有自动点火、停车火口自动灭火、自动翻转火口、回火防爆和自动调节气体混合比例等自动化装置。

2. 平纹组织织物烧毛工艺与穿布路线

由于该组织织物的织纹规律正反两面是一样的，毛刷辊与金刚砂辊正反两面压力应一样，正反面烧毛次数也应相同，即可以一正一反再一反一正，也可以一正一反再一正一反，对于含较易燃化纤的织物则必须如此。对于布面要求特别高的织物可以二正二反后再一正一反。

三、注意事项

(1)穿头引布不能有任何差错，要保证刷毛与烧毛符合工艺要求。
(2)一定要检查冷却装置与灭火装置是否正常运转。

第三节　配制退浆液

学习目标：能根据退浆工艺指定书的要求，掌握有关退浆液的配制技能。

一、操作技能

(1) 能识别常用退浆剂并能配制退浆液。

(2) 能掌握各种退浆剂的退浆工艺条件。

二、相关知识

1. 浆料的来源以及退浆的目的

纺织厂织布时经纱由于开口、送纬与打纬三个机械运动，受到相当大的张力与摩擦力，为防止经纱断头，提高经纱的强力、耐磨性和光滑性，保证织布能顺利进行，纺织厂对经纱都要进行上浆处理，只有上过浆的经纱，才具有良好的弹性、伸长率、抗张强度、耐磨性与柔韧性等可织性。经纱上浆时要求一部分浆液渗透到纱线内部，增强纤维间的抱合力，另一部分浆液则黏附于纱线表面，形成坚韧的薄膜，以增进纱线的光滑度和耐磨性。所以纺织厂配制的上浆液既要有良好的黏着性和成膜性，又要有一定的渗透性。现将浆液的组成简述如下：

(1) 黏着剂：黏着剂包括淀粉、变性淀粉、羧甲基纤维素(CMC)、聚乙烯醇(PVA)、聚丙烯酸酯(PMA)等。它们是浆液的主要成分。

(2) 防腐剂：防腐剂包括 2-萘酚、氯化锌和菌霉净(ASM)等。

(3) 柔软剂：柔软剂包括可乳化油脂、牛油等。

(4) 吸湿剂：吸湿剂如甘油等。

(5)减磨剂:减磨剂为滑石粉等。

经纱上浆应选用何种浆料以及上浆率的高低,应根据纤维的种类、质量、纱支的粗细及织物的密度来确定,通常纯棉或棉黏混纺织物以淀粉为主,有时也混用少量化学浆,上浆率较高,为8%~14%;合成纤维及其与棉、黏胶纤维等的混纺织物则以化学浆为主,特殊情况下也混用少量淀粉浆,上浆率偏低,仅为4%~10%,因为化学浆(特别是合成浆)的浆膜抗张强度和弹性比淀粉浆膜高许多倍,因而上浆率可低些,另外纱支越细,密度越高的织物,经纱上浆率也越高。

然而坯布上的这些浆料却给印染加工带来了很大困难,首先它使织物不吸水,没有渗透性,阻碍染料、化学用剂与纤维接触,妨碍纤维与染料及其他化学用剂发生物理化学反应。因此,漂染印加工前首先要去除坯布上的这些浆料,这个过程工艺上称为退浆。

2. 常用退浆剂的性质与退浆工艺

(1)碱退浆工艺:碱退浆是目前印染厂使用最为普遍的一种方法,适用于纯棉或棉与合成纤维的混纺织物,碱退浆可用于大多数浆料,它是通过两个方面实现的。一方面,不论是天然浆料,还是化学浆料(变性浆料和合成浆料),如 PVA/CMC,在热碱中先发生溶胀,从凝胶状态转变为溶胶状态,与纤维的黏着力变小,再经机械作用,就较容易从织物上脱落下来;另一方面,某些化学浆料,如 CMC、PVA、PA,在热碱液中溶解度提高,再经水洗将浆料洗落下来,达到退浆的目的。因此,碱退浆适用于一切天然浆料及化学浆料上浆的织物。热碱退浆除了退浆作用外,对棉纤维上的天然杂质也有分解和去除作用,再者碱退浆使用的碱液通常是煮练或丝光废碱,成本低,因此这种方法被广泛地应用。碱退浆的退浆率为50%~70%,余下的浆料只能在煮漂时进一步去除。由此可见,煮漂与退浆目的虽然不同,但两者是密切相关的。

值得引起注意的是碱退浆仅使浆料与织物黏着力降低,并不能使浆料降解,因此,随着退浆及水洗的进行,水洗槽中洗液的黏度会不断提高,因此,退浆后的水洗必须充分,洗液必须不断更换,以免浆料重新黏附到织物上去,降低退浆效果,或染色时形成云状拒染疵病。

碱退浆的退浆效果决定于碱浓、温度、堆置时间及水洗情况,其工艺条件随各厂设备条件不同而异,大致为:织物烧毛后在浸轧槽中平幅浸轧 8~10g/L 的烧碱溶液,温度为 70~90℃,然后打卷堆置 8~12h,再热水洗两次。

配制浸轧烧碱液的方法为:在高位槽(1t)中放入丝光淡碱(60g/L)180L,加水至 1000L,即配成每升 10g 的退浆用淡碱,可随时放入浸轧槽供退浆之用。高位槽应有两只,交替使用。

(2)酶退浆工艺及工艺条件:

酶退浆常用的工艺处方:

BF-7658 酶(2000 倍)   1~2g/L

活化剂(食盐)   2~5g/L

渗透剂 JFC   1~2g/L

pH 值   6.0~6.5

酶退浆工艺流程分下列三种:

① 保温堆置法:先将织物用热水(65~75℃)浸轧,使淀粉膨化,然后浸轧或喷淋退浆液,退浆液温度控制在 55~60℃,打卷于 45~50℃条件下保温保湿堆置 2~4h。

② 高温汽蒸法:先将织物在 65~75℃ 的热水中浸轧一次,然后浸轧温度为 45~50℃ 的退浆液,打卷堆置 20min,最后于 100℃ 条件下汽蒸 3~5min。

③ 热浴法:先将织物浸轧 65~75℃ 的热水,然后浸轧 45~50℃ 的

退浆液,打卷堆置 20min,再于 95~98℃ 的热水浴中浸渍 20~30s,最后水洗。

酶退浆方法简单,退浆率高,可达 80%~90%,速度快,适于连续生产,对棉纤维无损伤,所以是一种很好的退浆方法,但它对棉纤维的共生物及其他浆料去除效果很差。

配制浸轧酶液的方法为:移取 2000 倍 BF-7658 酶 1500g,放入 1000L 的高位配液槽中,即成 1~2g/L 的酶液,另放入 3000g 食盐,即为 3g/L 的活化剂,再放入渗透剂 JFC 1500g,即成 1.5g/L 的渗透剂,最后用醋酸调节 pH 值至 6~6.5。

三、注意事项

(1)配制退浆液时退浆剂不能搞错,浓度要配准,退浆液温要达标。

(2)碱退浆堆置时间较长,不可缩短;酶退浆时活化剂不能少,pH 值要符合规定。

思考题

1. 常见织物品种的组织规格有哪些?
2. 常见织物品种规格的表示法包括哪些?
3. 平缝机缝头工艺的具体要求是什么?
4. 使用平缝机的注意事项有哪些?
5. 气体烧毛机由哪些主要部件组成?每个部件的作用是什么?
6. 平纹织物的烧毛工艺与穿布路线是怎样的?
7. 烧毛机用退浆剂有几种?它们的工艺是什么?配制方法如何?
8. 为什么要退浆?经纱上的浆料包括哪些成分?

第四章 烧毛进出布操作

第一节 烧毛进布

学习目标：了解烧毛高速进布的要求,掌握进布的技能。

一、操作技能
(1)堆布板与布车的中心线,必须对准烧毛机的中心线。
(2)能操作电动与气动吸边器,居中平稳进布。

二、相关知识
1.吸边器的用途、结构与纠偏工作原理

(1)吸边器的用途:吸边器又称平幅导布器,安装在各平幅印染机机台前的进布架上。织物通过吸边器后,自动伸展布面,并使织物按照一定的位置运行,防止织物产生左右偏移和卷边等。

(2)吸边器的结构:吸边器结构如图4-1所示。吸边器共有左右两只,分别装于机前进布架的调幅横梁上。摇动手轮转动丝杆,可以同时或分别调节吸边器间的距离,以适应加工织物的幅度。每只吸边器有一对与织物纬向成10°~20°倾角的加压辊,通常采用橡胶辊与金属辊各一只,也有都用金属辊或橡胶辊的。

软橡胶辊的硬度为邵氏A 60~70,厚度在8mm左右,内有钢管衬里,钢管外车有螺纹,以增强与橡胶的胶合力。金属辊常用黄铜管或

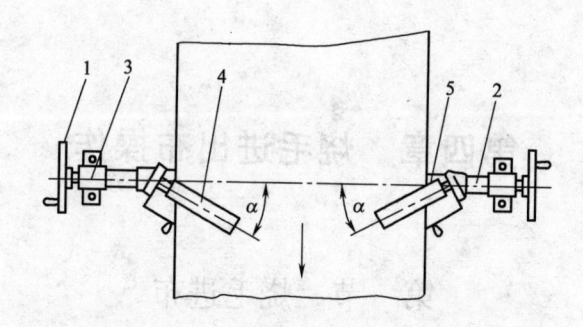

图4-1 吸边器的结构及导布示意图

1—手轮 2—调幅横梁 3—支座 4—吸边器压辊 5—吸边器滑座

不锈钢管制成,外表面要求光洁。辊筒直径60~72mm,长度150~200mm,辊筒内部都装有滚动轴承,辊筒依靠织物边部通过其轧点时的摩擦力带动而旋转。

(3)吸边器的工作原理:由于吸边器每对小压辊轴向分别与织物纬向成一定的倾斜角 α,因此,织物的边部通过两压辊的轧点时,能随压辊作周向运行。这个周向力 F_c 可分解为水平分力 F_x 与垂直分力 F_y,其中水平分力 F_x 指向布边,从而起到了扩幅去皱的作用,如图4-2所示。

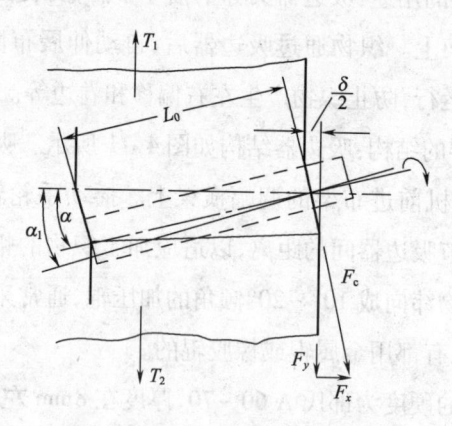

图4-2 吸边器去皱的矢量分析图

当织物在正常的位置运行时,左右两只吸边器的每对小压辊分别给予织物两边的扩幅力是相等的,但当织物向左面歪移一定位置时,由于布边碰到触杆而使左面的小压辊卸压,从而减弱或失去扩幅力,则右面扩幅力大于左面扩幅力,从而使织物迅速向右面回移。但当左面织物边部离开触杆,则左面小压辊立即恢复了压力,又能与右面的扩幅力平衡;反之,织物就会迅速向左回移。吸边器就是这样使织物由歪斜而移动到正常位置,自动而迅速地控制着织物自始至终保持平直无皱,在允许的范围内运行。

下面对影响压辊扩幅力的有关因素进行分析讨论。

为了便于分析,一般常设织物经纬间无相互作用力,且纬向的扩幅力较经向张力大得多,如图 4-2 所示。若设压辊的有效长度为 L_0,压辊轴向与织物纬向夹角为 α,全幅织物内的去皱量为 δ,则每边的去皱矢量为 $\delta/2$。经过力学及数学分析得:

$$\delta = 2 L_0 \tan\alpha \sin\alpha$$

从上式来看,去皱量的多少,决定于压辊的有效长度 L_0 及其夹角 α 的大小。因此,在使用时要适当调幅控制 L_0。其中 α 的影响较大,必须适当控制。

若压辊轴向与织物纬向夹角从 0 增加到 α 时,已能全部去除织物的折皱,则由 α 增加到 α_1 时就能增加纬向张力而起到扩幅作用。α 的大小应调整在既能去皱,又具有一定的纬向张力,而不致使织物打滑的适当角度,这是应该注意的。

织物纬向张力的大小还与下列因素有关:

① 施加于压辊的压力 P。

② 压辊的轴颈与轴承间的摩擦系数 μ_1。

③ 压辊与织物的摩擦系数 μ_2。

④ 压辊的半径 R 和它的轴承半径 r。

当 α 一定时,压辊的材料及直径已确定,各摩擦系数亦是常数,则吸边器的扩幅力大小取决于压辊的压力。当然织物的纬向张力不能过大,如果张力大于织物的强力,织物就要损坏;如果张力过小,又起不到扩幅作用;如果两边压力不一致,则织物边部容易滑出轧点,造成织物脱离吸边器两小导辊的夹持。

(4) 吸边器的型式:印染机械中所用吸边器的类型很多,可根据对小压辊加压和卸压方法的不同而定。各厂常用的有电动式、气动式、重锤杠杆式等多种,各自通过电磁力、气压力、重力等各种不同的作用力,达到使压辊加压或卸压均匀一致的目的。以下只介绍电动式与气动式吸边器。

2. 电动吸边器的主要结构与纠偏原理

电动吸边器的主要结构如图 4-3 所示。电动吸边器亦是由左右各一对压辊(每对压辊中,一只为橡胶辊,另一只为不锈钢辊)组成的。每只不锈钢辊内,装有固定的电磁铁及活动衔铁各一只,它们之间装有弹簧,固定的电磁铁与固定支架连接,活动衔铁与不锈钢辊的空心轴芯连接,空心轴芯通过滚动轴承与不锈钢辊体连接。固定电磁铁与活动衔铁通过杠杆在活动支点连接,都不随辊面转动。在正常工作时,由于弹簧的弹力使不锈钢辊与橡胶辊紧压并随织物运行而转动。当织物歪移,碰到电器触杆时,可控硅被触发,产生低压全波直流电,经电容器滤波,使装在不锈钢辊内的直流电磁铁产生作用。电磁铁吸引衔铁,克服弹簧弹力,使不锈钢辊与橡胶辊分离,织物则向另一侧移动,从而使织物自动地在一定位置上运行。

这种电动吸边器采用低压可控硅整流,电路输入 220V 交流电,输出低压 18V 直流电,因此操作安全。

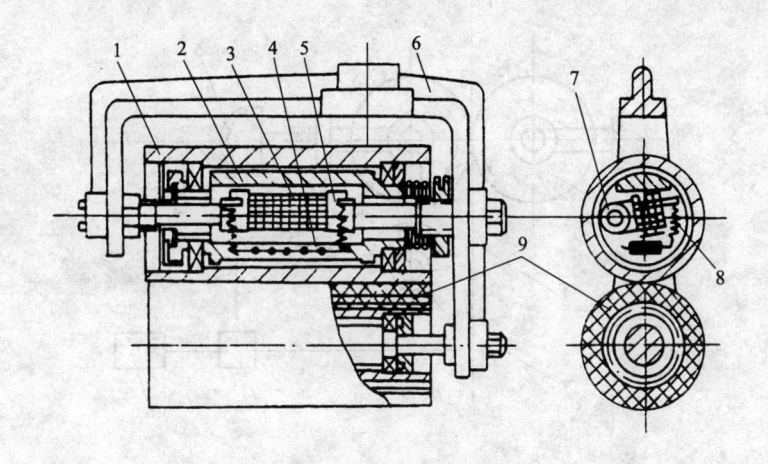

图 4-3 电动吸边器
1—不锈钢辊体 2—空心轴芯 3—电磁吸铁 4—活动衔铁 5—固定支架
6—支架 7—活动支架 8—弹簧 9—橡胶辊

3. 气动吸边器的结构与纠偏原理

气动吸边器的结构如图 4-4 所示：机头是主要功能部件，左右各一只，每只机头由一对小压辊（一软一硬）、顶杆、气膜、气阀、触杆等构成。机头安装在支架上，并可回转一定角度。一般使小压辊轴线与织物纬向成 10°~20°。当织物正常运行时，气阀打开，压缩空气通过气膜和顶杆使两只机头上的小压辊均压在织物上，产生相等的吸边力。若织物左偏至一定程度，边部碰到触杆，使左边机头的气阀关闭，气膜上的气压释压而使橡胶辊在自重的作用下向后倒，原先紧压织物的左侧一对小辊脱开，左侧吸边力消失，织物则向右侧回移到中间位置。反之，则向左移动。这样，纠正了织物在运行过程中出现的过分左右跑偏现象，使织物在允许的正常范围内移动。

气动吸边器除使用压缩空气外，无需其他动力源，适用于较潮湿

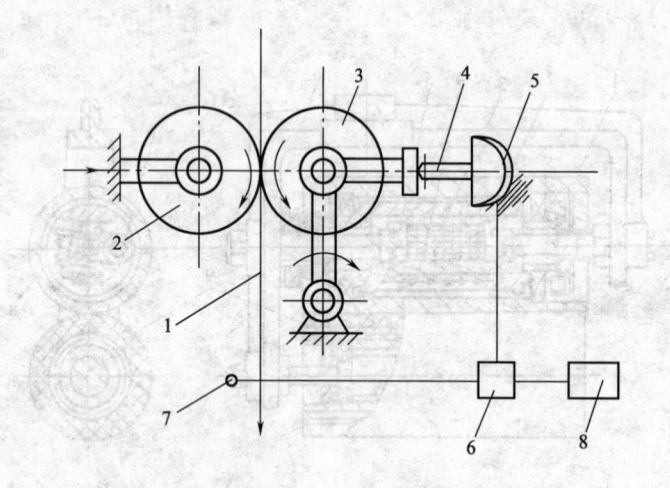

图4-4 气动吸边器
1—织物 2—不锈钢辊 3—橡胶辊 4—顶杆 5—气膜
6—气阀 7—触杆 8—压缩空气源

的生产环境,特别是对防火、防爆有要求的场合。气动吸边器两辊间压力较大,并可按要求调节,动作灵敏,应用范围广,无电触点,安全可靠,而且安装方便。

三、注意事项

(1)吸边器与布幅夹角以 10°~15°为好,这样安排夹角展幅比较灵活有效。

(2)因布速快,除翻布放齐外,布车与布板中心线一定要对准烧毛机中心线。

第二节 烧毛出布

学习目标:了解烧毛出布的要求,掌握烧毛出布的技能。

一、操作技能

(1)会用打卷机与布车出布。

(2)能检查烧毛出布的匀净等级。

(3)会用灭火装置,能做到出布无破洞与焦黄点。

二、相关知识

1.打卷机的结构与使用方法

打卷机(图4-5)是高速平幅出布的专用装置,其结构简单,效率高,操作方便。分主动卷布与被动卷布两种,前者通过专用卷布车与打卷机对口齿合来卷布,后者由卷布主动辊推动布车卷布轴被动卷布,两者各有优缺点。主动卷布装置使用变速电动机直接传动卷布辊,即随着卷绕直径的增大,卷布辊转速相应减慢,以保持卷取线速度不变。

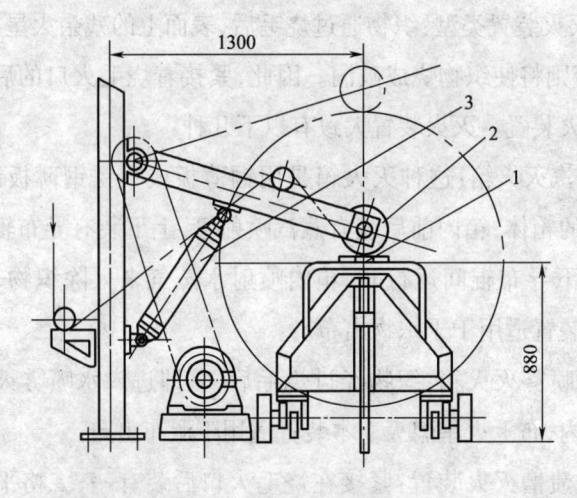

图4-5 打卷机
1—卷布辊　2—主动辊　3—控制气缸

表面传动卷布装置由卷布主动橡胶辊、升降摇臂架等组成。其上的主动橡胶辊紧压在卷布车的卷布辊后,依靠摩擦力带动卷布辊转动卷布。随着卷布直径的增大,摇臂架和主动橡胶辊也随之升起,卷布满轴后,立即停车,开启气阀,将摇臂及主动橡胶辊升起,离开布卷。

卷布辊、橡胶压布辊(HSA92-98)、导布辊表面的水平度为5/10000,以保证卷布质量。

卷布机构尚需一个中小型伞柄箱,该箱用角钢制成箱架,用聚氯乙烯板及管制成箱体,可容纳600~750m布,容布时间4~5min,保证了足够的换轴时间。换轴后可增速将伞柄箱内余布拉完,再与正常出布速度相等同步卷布。下一次换轴卷布时,再适当减慢速度,将布存入伞柄箱中,换轴后再快速拉完箱中存布,使卷布机与烧毛机同步卷布。

2. 灭火装置的结构类型与使用注意事项

(1)灭火装置类型:织物通过烧毛后,表面上的残余火星应快速进行灭除,否则将使织物烧成破洞。因此,紧接着烧毛火口的后面,应有相应的灭火装置。灭火装置大致有以下几种:

① 蒸汽灭火箱:这种灭火箱是用铜薄板或不锈钢薄板制成的扁窄无底盖的箱体,箱内前后装有蒸汽喷射管,上下装有导布辊,当织物在箱内上下导布辊间运行时,箱内喷射水蒸气来灭除织物表面的火星。这种装置适用于干织物出布。

② 水喷雾灭火箱:织物经过烧毛后,立即进入水喷雾灭火箱,水雾充满箱内,布上火星熄灭。本装置适用于湿布出布。

③ 浸渍槽灭火装置:紧接在烧毛火口后装有一、二格平洗槽,槽内装有上下两排多只导布辊,并加入热水或退浆液,再经轧车牵引出布。

(2) 使用注意事项：

① 布的进出口穿布不能出错，一定要经过导布辊；蒸汽或水喷雾灭火时，织物要经过两根喷管中间，使织物正反两面都喷到汽或水雾。

② 浸渍灭火时，浸渍槽中必须有热水或退浆液，织物必须浸渍其中才能顺利灭火。

3. 烧毛质量评定与烧毛常见疵点

烧毛的质量，目前主要以去除绒毛程度来评定，但必须保证织物不受损伤（无破损，织物强力损失极小，化纤织物烧毛后门幅收缩小且布身无明显发硬现象）。具体方法是将烧毛后的织物放在光线较好的地方，参考以下标准目视评级：

1 级——原布未经烧毛

2 级——长毛较少

3 级——长毛基本没有

4 级——仅有短毛，且较整齐

5 级——烧毛净

一般烧毛质量应达到 3~4 级，质量要求高的应达 4 级以上，稀薄织物达 3 级即可。

常见的烧毛疵点有烧毛不净、烧毛条花、织物脆损、织物破洞、织物纬斜等。

烧毛后织物的幅缩和强力等指标，工厂可拟定工艺标准控制，这对化纤及其混纺织物尤为重要。

三、注意事项

(1) 卷布齐，无卷边与皱条。

(2) 发现烧毛疵点及时联系改进。

印染烧毛工

(3)勿忘将卷布车定位销插入地上规定的圆孔中,保持布车定位良好。

(4)烧化纤织物时出布一定要开静电消除器,保持落布良好。

思考题

1. 吸边器的结构与纠偏原理是什么?
2. 电动与气动吸边器的纠偏作用原理是什么?
3. 打卷机的结构与使用方法是什么?
4. 灭火装置的类型与使用注意事项有哪些?
5. 烧毛质量分等标准,通常烧毛应达到几级?

第五章 烧毛运行操作

第一节 机台运行

学习目标：掌握烧毛机安全启动、运转、调速与停车的操作技能。

一、操作技能

(1) 掌握电器柜按旋钮操作法，运转烧毛机。

(2) 掌握启动电子点火器的最佳车速与最佳时机，并使火焰迅速达标，保证烧毛质量。

二、相关知识

烧毛机开车前应全机检查，清洁加油，并根据工艺要求配好退浆液，然后穿头引布，先穿刷毛箱，然后穿火口，穿头时完全靠导辊改变织物运行方向和经过火口的次数。刷毛箱的张力松紧应根据工艺与织物情况而定，通常紧密织物刷毛张力宜大些，松弛且浮纱较多的织物刷毛张力宜小些，这一操作可通过摇手柄来实现。

正式开车时启动主传动的同时应开风机泵，待导布行至火口后，即开燃气阀点火，同时立即调节燃气与空气的混合比与火焰高度，并调整车速至工艺规定要求。为了节省燃气，还应调节压火板或火口边上的小吹风，使火焰宽度比坯布宽度宽15cm左右即可。

生产过程中应经常检查烧毛质量，要防止烧毛不净，又要避免烧毛过头,损伤织物。还应时刻注意检查燃气的 U 型压力计,要及时调整因燃气压力波动等因素造成的火焰强度变化。火口缝隙有时会被杂质堵塞,要用长柄金属片专用工具疏通,防止造成烧毛条花。应按时检查退浆液浓度与温度,并及时补充退浆液。

停车时,待导布带出机后即关闭燃气、传动电动机、风机、刷毛箱等,并将平洗槽上的轧辊抬起,做好清洁工作。

三、注意事项

(1)开车点火前先检查燃气压力,调节好燃气与空气开关大小,最后才能点火。

(2)开车后需经常注意检查火焰质量,发现问题及时调节,以保证烧毛质量。

第二节　烧毛质量检查

学习目标:能评定烧毛质量与检查烧毛常见疵点,并及时反馈改进建议,以提高烧毛质量。

一、操作技能

(1)能按要求用卷尺测定织物幅宽。

(2)经常检查布面有无烧毛过程易出现的疵点。

二、相关知识

1. 用卷尺测定幅宽的方法与意义

烧毛出布必须用卷尺经常测量织物幅宽,以便及时了解被烧过的织物门幅的变化,特别是烧含化纤的混纺织物,如果发现门幅收缩超出常规,收缩特别大,手感又偏糙硬,就可判定烧毛过度,肯定有损该织物;这时挡车工就应调低火焰,降低火焰温度,确保织物不受损伤。倘若门幅收缩过少,烧毛质量又差,就可断定火焰过小,温度不够,这会造成烧毛不净。用卷尺测幅宽时,布要摊平轻放,卷尺一定要与布边垂直才能量准确。

2. 常见的烧毛疵点

常见的烧毛疵点包括:烧毛不匀净、烧毛条花、纬斜、烧毛脆损、烧毛破洞、烧毛焦黄点。

三、注意事项

(1)经常检查布面烧毛质量是否在3~4级以上。

(2)经常测量落布门幅,发现收缩过大及时处理。

(3)烧毛质量评定原则是保证烧毛织物不受任何损伤,要求被烧织物无破损,织物强力损失极少,化纤织物烧后门幅收缩很小且布身无明显发硬感。

第三节 机台清洁保养

学习目标:掌握烧毛机从进布至出布六大部分的清洁法,掌握烧毛机全机的清洁保养,重点是刷毛箱、烧毛火口主体室与灭火箱等的清洁法。

一、操作技能

掌握烧毛机全机清洁重点,同时保证设备、自身与他人的安全。

二、相关知识

(1) 为保证刷毛质量,刷毛箱必须彻底清洁。刷毛箱是立式铁箱,清洁时先通过调节装置将两排毛刷辊、金刚砂辊与刮刀摇开,将上面的纱头花毛连同底部积存的纱头花毛清除干净,然后让刷毛箱回转几分钟,再清除一次底下积存的花毛即可。

(2) 烧毛主体室即烧毛火口室清洁前应先将火口罩上盖板,要罩严实,防止花毛灰纱落入,清洁时应先从顶上的排烟气罩做起,将花毛烟灰扫下,然后对机架、火口罩与管道进行清洁,最后将地面烟灰花毛扫净为止。还要再一次检查火口有无花毛落入。

(3) 灭火箱的清洁较简单,主要是清理箱内导布辊上黏结的花毛,喷汽管或喷雾管表面小出气孔(或水雾孔)上黏结的花毛等,最后将地上的花毛灰纱一并清除干净即可。灭火箱喷汽管或喷水雾管的小孔,清洁后必须试喷汽或试喷水雾。

(4) 全机清洁工作结束,烧毛火口一定要用离心风泵吹几分钟,目的是吹去火口缝内的花毛,最后进行检查,若吹不掉,则用专用的金属片将其刮去。

第四节 生产记录

学习目标:根据本岗位要求,能准确填写生产记录与生产流程卡。

一、操作技能

能识读并正确填写生产记录与生产流程卡。

二、相关知识

(1) 生产计划单格式见第三章第一节。

(2)生产流程卡格式见第三章第一节。

思考题

(1)用卷尺测量烧毛下机织物幅宽的意义是什么？

(2)刷毛箱、烧毛火口主体与灭火箱的清洁方法是什么？

下篇 中级工

第六章 烧毛前准备

第一节 工艺与来坯准备

学习目标：依照生产计划单与工艺指定书做好各项生产准备工作。

一、操作技能

(1) 会用油泵拉布车按烧毛先后顺序准备待烧毛坯布。

(2) 掌握本班生产各品种的烧毛工艺，能及时调整并防止差错。

二、相关知识

1. 烧毛工艺与加工产品纤维组分、组织规格的关系

(1) 烧毛工艺与纤维组分的关系：

① 由纯棉或纯化纤纱织成的同样组织规格的织物，烧毛时纯棉织物的火焰宜强些，而化纤织物的火焰则宜弱些；前者刷毛箱内金刚砂辊或毛刷辊张力应大些、紧些，后者则应小些、松些。

② 混纺织物要看化纤的含量多少，化纤含量高的织物比含量低的织物烧毛时火焰宜弱些，刷毛辊也应松些。

(2) 烧毛工艺与织物组织规格的关系：

① 平纹织物正反两面交织点相同，如平布、细纺、府绸等，烧毛工

印染烧毛工

艺取二正二反或三正三反。

② 斜纹织物(二上二下斜纹除外)有正反面的,正面比反面多烧一次或两次,取二正一反或三正一反(正面要求特别高的再烧一次)。

③ 缎纹组织的织物以浮纱长的一面为正面,如直贡或横贡等,烧二正一反;缎纹组织的织物一般正面要求特别光洁,故烧三正一反的居多。

2. 烧毛机运转操作前应重点检查的项目

(1)刷毛箱内毛刷辊、金刚砂辊与刮刀位置是否符合工艺要求,清洁工作是否满意,检查结果一定要是肯定的。

(2)检查燃气当时的实际压力(观看U形水管柱或表压),以便掌握阀门开启大小。

(3)检查烧毛火口压火板或气吹截流火焰幅度是否符合生产织物的宽度,这有关节约能源。

(4)检查通冷水导布辊进出水阀门开启大小是否符合工艺要求。

(5)检查灭火箱功能或浸渍槽是否有退浆液或水。

(6)检查进布吸边器与出布装置是否良好。

3. 油泵拉布车的工作原理及结构

油泵拉布车分三种类型,即手动、机动、电动三类,都是用油泵来实现的。通过给真空泵加压,油泵将压力转换为机械能,从而将活塞棒顶起,带动传动臂,传动臂会将推棒前推,以推动前轮将货叉支起,货叉降落是通过放气阀控制的。中国地龙搬运车,升起高度为75~100mm。油泵拉布车如图6-1所示。

油泵拉布车的技术参数:

最大负载 2500kg

货叉长度 1150mm

货叉宽度　　　　　　　　　　160mm

货叉间距　　　　　　　　　　540mm

货叉提升最低高度/最高高度　　85/200mm

转向轮直径　　　　　　　　　200mm

承重轮直径×宽度　　　　　　80mm×70mm

转向轮转动角度　　　　　　　210°

图6-1　油泵拉布车

三、注意事项

（1）必须弄清织物的纤维组分，这对确定刷毛程度与火口火焰高度起决定性作用。

（2）如果发现车间有异味应立即与有关部门联系，及时处理，防止发生事故。

第二节　烧毛机穿头引布

学习目标：全面掌握不同织物品种与不同工艺的全机穿头引布

印染烧毛工

技能。

一、操作技能

能按工艺指定书根据不同织物品种全机穿头引布。

二、相关知识

这个课题牵涉到三个方面:一是刷毛箱的使用,二是织物正反面各烧几次,三是其他方面的内容,现分述如下:

(1)刷毛箱的使用:

① 对于纯棉织物,特别是低支纱与低级棉织物,刷毛很重要,毛刷与金刚砂辊接触面应大些,这样织物张力就大些,能保证刷毛质量,使绒毛竖起,烧毛就能顺利进行。

② 化纤与棉混纺织物必须刷毛,但织物与毛刷辊的接触面与张力适中即可。

③ 纯化纤织物刷毛时接触面与张力最小。

④ 稀薄提花与网眼织物则要求金刚砂辊与毛刷辊不接触织物,以免把提花花纹与网眼磨破或磨变形了。

这里还应说明一点,老式刷毛箱的毛刷辊与金刚砂辊是固定安装的,无法调节张力,那么对不能接触毛刷辊与金刚砂辊的织物,生产时必须跳过刷毛箱。若是可调式刷毛箱,则尽量让毛刷与金刚砂辊离开布匹,不触及织物。

(2)织物烧几正几反,应由织物的组织结构决定:

① 平纹织物:平纹织物包括棉织物中的粗中细平布与府绸等,麻织物夏布,化纤的黏纤平布,涤/棉细纺、府绸等,烧毛工艺应是二正二反或三正三反。

② 斜纹织物:斜纹织物包括纯棉与混纺织物中的斜纹布、单面纱卡、单面线卡、哔叽、华达呢、双面卡等烧毛工艺应是二正一反或三正一反。

③ 缎纹织物:常见的缎纹织物有直贡缎与横贡缎两类,烧毛工艺应为二正一反或三正一反。

④ 带网眼提花稀薄织物与化纤长丝织物:此类织物的烧毛,应特别慎重,最好先通过先锋烧毛试验再确定工艺。

(3)其他方面的内容:烧毛工艺仅提以上两点是不够的,其他还应包括燃气火焰温度情况与布速问题,现分述如下:

以城市煤气燃烧时的火焰结构为例加以说明:

蓝色还原焰温度	1450℃
刚离开还原焰的温度	1142℃
离还原焰5mm左右的温度	1150℃
离还原焰10mm左右的温度	1102℃
离还原焰20mm左右的温度	1075℃

织物应在离还原焰最上端 5~10mm 范围内烧毛效果最好。至于布速(车速),刚开车时为了点火与调节火焰高低大小可稍开慢点,如 60~80m/min,十几秒钟以后就应调整为正常车速,即 100~150m/min。

第三节 烘 燥

学习目标:能操作单柱烘筒烘燥机,遇带潮的坯布必须烘干后方可烧毛。

一、操作技能

(1)检查本班生产的坯布是否带潮,如果带潮则必须烘干。

(2)会操作烘筒烘燥机。

二、相关知识

1. 烘筒烘燥的基本原理

织物与内通蒸汽的烘筒表面接触,由于织物与金属间的热阻很小,故热量传递比对流传热快。烘干时,织物与烘筒接触的一面先被加热,织物内的水分温度升高,并从织物另一表面蒸发,水的蒸发与热传递方向是一致的。随着温度的升高,水分将向织物表面移动直至水分全部由织物表面蒸发逸出,完成全部烘燥过程(图6-2)。同时烘筒回转,将织物送至出布落布架。

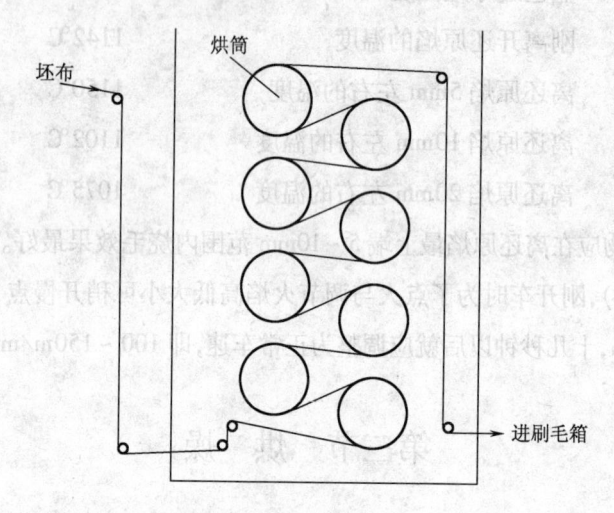

图6-2 烘布路线

2. 烘筒的结构及各组成部件的作用

立式烘筒烘燥机主要由烘筒、轴承及密封件、立柱、撑挡及底盘、疏水阀、进汽和排水管路、扩幅和传动装置等组成。加热蒸汽由蒸汽总管进入空心立柱(或汽管),分别引入各烘筒,把热量通过筒壁传递给包绕于烘筒表面的含水织物后,因散失热量而冷凝。冷凝水由排水斗或虹吸管排出烘筒,进入排水端立柱(或出水管),经疏水阀排出机外。现着重介绍烘筒、烘筒轴承及密封件、立柱和疏水阀四部分。

(1)烘筒:烘筒是烘筒烘燥机的主要部件,直径统一为570mm,工作幅度可分为1100mm、1200mm、1600mm等几种。织物在烘筒上的包绕角为250°～270°。按筒体材料,烘筒可分为紫铜烘筒和不锈钢烘筒两类;按排除冷凝水装置的结构,烘筒又可分为水斗式和虹吸式两类。

图6-3所示为水斗式紫铜烘筒。筒体用2～3mm的紫铜板卷成,两端用红套箍把闷头和筒体紧密结合在一起,再用螺钉把法兰空心轴固定在闷头口上。烘筒的非传动端闷头上装有空气安全阀(图6-4),防止烘筒内产生负压(如开冷车或停车时)而把筒体压坏(俗称吸瘪)。水斗用2～3mm紫铜板制成,用来排除烘筒内的冷凝水。其结构如图6-5(a)所示,其工作原理如图6-5(b)所示。刮水板焊在筒体内壁上,与水斗体连接的锥形出水管插入法兰空心轴(图6-5)的孔

(a)烘筒　　　　　　　　　　(b)筒体与闷头的连接

1—筒体　2—闷头　3—红套箍　4—法兰空心轴　　　1—筒体　2—闷头　3—红套箍
5—水斗　6—撑箍　7—搭扣　　　　　　　　　　　　4—半圆槽

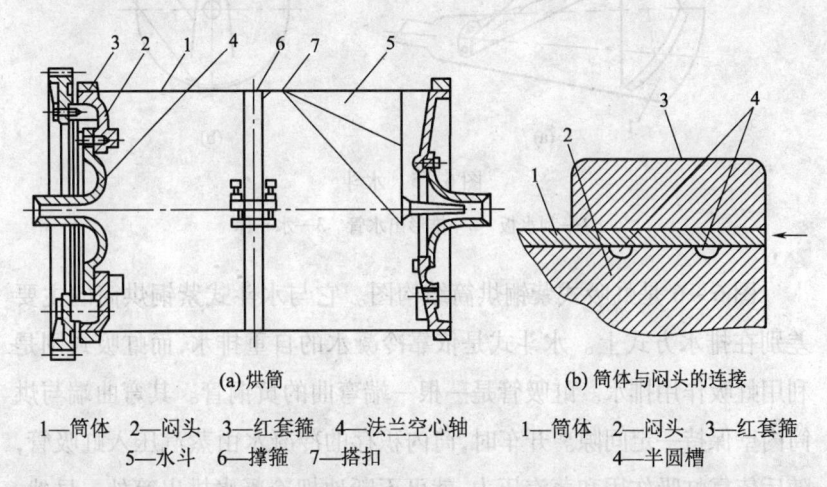

图6-3　水斗式紫铜烘筒

道中。当水斗随烘筒转至下部遇水时,水被刮入水斗内;当水斗转至上部时,水因自身重力的作用,经锥形出水管排出筒外。这种水斗式排水方式适用于转速较低的烘筒,烧毛机不适用。

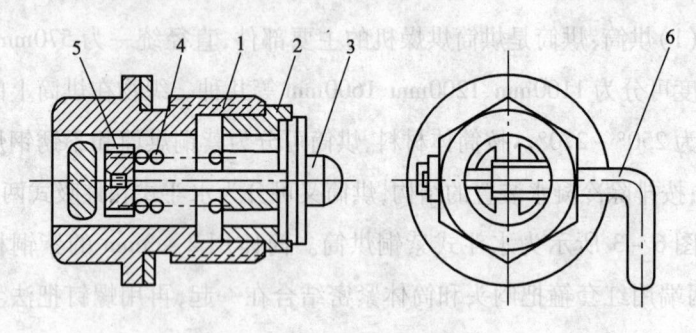

图6-4 空气安全阀

1—阀座 2—阀座镶套 3—阀芯 4—弹簧 5—压力调节螺母 6—开关柄

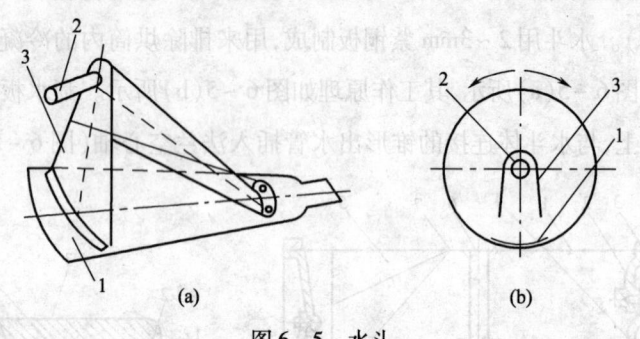

图6-5 水斗

1—刮水板 2—锥形出水管 3—水斗体

图6-6是虹吸式紫铜烘筒结构图。它与水斗式紫铜烘筒的主要差别在排水方式上。水斗式是依靠冷凝水的自重排水,而虹吸式则是利用虹吸作用排水。虹吸管是一根一端弯曲的黄铜管。其弯曲端与烘筒内壁保持一定间隙。开车时,筒内积存的冷凝水由蒸汽压入虹吸管,随后依靠虹吸作用和蒸汽压力,就可不断地把冷凝水排出筒外。显然,虹吸管弯曲端与烘筒内壁的间隙越小,运转中筒内残留的冷凝水也越

少,烘燥效率就越高。但是,由于虹吸管另一端固定于进气盖端,形成了较长的悬臂,刚性较差。为防止擦伤筒壁,一般距离控制在5~8mm。

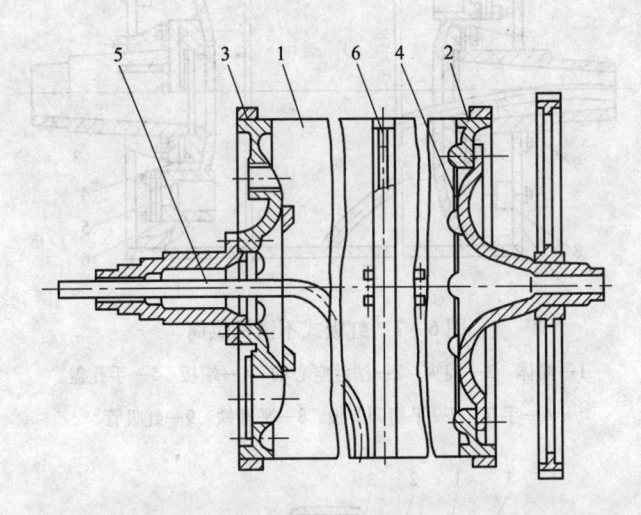

图6-6 虹吸式紫铜烘筒

1—筒体 2—闷头 3—红套箍 4—法兰空心轴 5—虹吸管 6—撑箍

图6-7是虹吸式不锈钢烘筒结构简图。它的特点是轻巧且耐腐蚀,强度大,易于做清洁工作。但是,由于不锈钢的导热系数比紫铜小得多,烘燥效率较低。在相同的烘燥条件下,紫铜烘筒的车速比不锈钢烘筒高10%左右。

(2)轴承及密封件:烘筒轴承除支撑烘筒外,还须对引入烘筒内的蒸汽或排出烘筒外的冷凝水起密封作用。目前常用的有柱面密封型、平面密封型和球面密封型三种。

(3)立柱:经过一定的处理后加工而成的铸铁烘筒立柱安装于底盘上,立柱用以安装烘筒,又可分为中空立柱与槽型立柱两种。

(4)疏水阀:

① 浮筒式疏水阀:浮筒式疏水阀如图6-8所示。

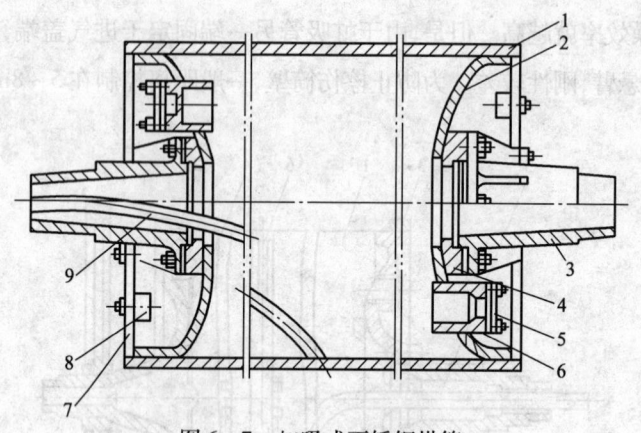

图6-7 虹吸式不锈钢烘筒

1—筒体 2—闷头 3—法兰空心轴 4—端板 5—手孔盖
6—手孔 7—平衡调节板 8—平衡铁 9—虹吸管

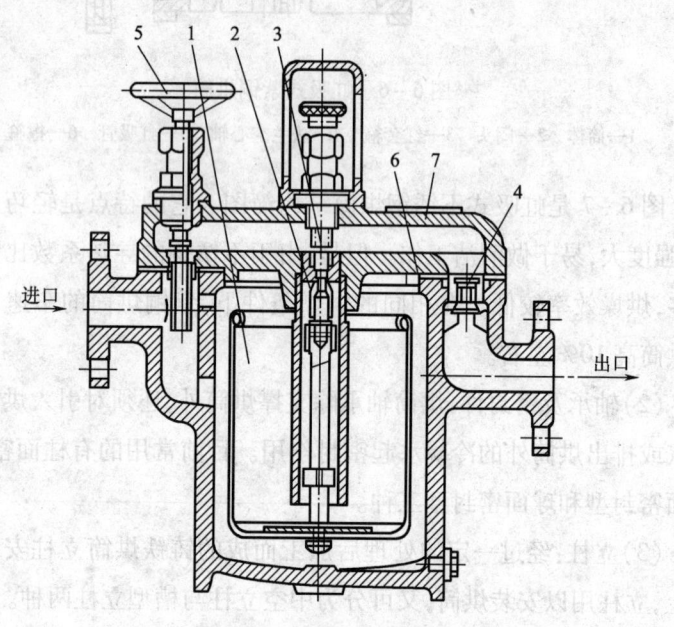

图6-8 浮筒式疏水阀

1—浮筒 2—主阀 3—调节阀 4—逆止阀 5—直放阀
6—壳体 7—疏水器盖

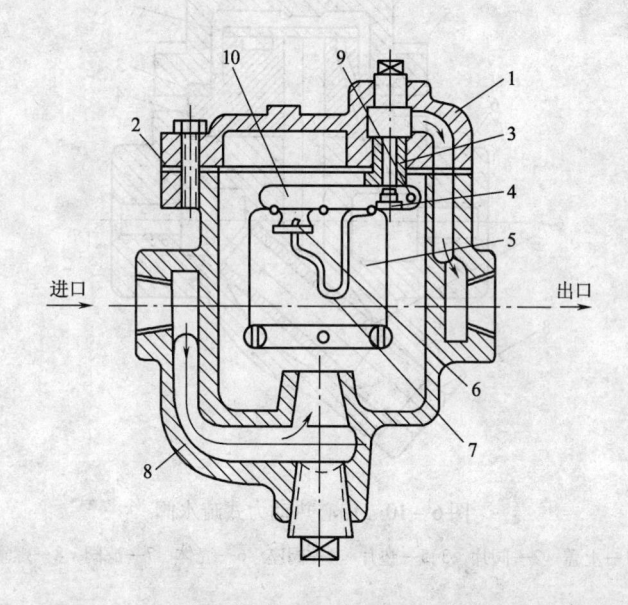

② 钟形浮子式疏水阀:钟形浮子式疏水阀如图 6-9 所示。

图 6-9 钟形浮子式疏水阀
1—上盖 2—垫料圈(石棉橡胶板) 3—阀座 4—阀瓣 5—吊桶
6—阀盖 7—双金属弹簧片 8—壳体 9—吊桶销钉 10—连杆

③ 偏心热动力式疏水阀:偏心热动力式疏水阀如图 6-10 所示。

④ 脉冲式疏水阀:脉冲式疏水阀如图 6-11 所示。

⑤ UFO 式蒸汽疏水阀:UFO 式蒸汽疏水阀如图 6-12 所示。

当疏水阀启动时,UFO 浮子沉在发射台上,凝结水在进出口压差作用下经滤网、发射导管上部小孔流入阀腔,最后从排水喷嘴排出,见图 6-12(a)。当蒸汽进入后,浮子 UFO 由于冷凝水作用被挤出,UFO 所受浮力逐渐增大,被迫上浮与排水嘴吻合,从而关闭了喷嘴,疏水阀即处于阻汽状态,见图 6-12(b)。当凝结水再次进入浮子 UFO 时,所受浮力渐减而下沉,疏水阀又回到图 6-12(a)状态,如此循环反复,

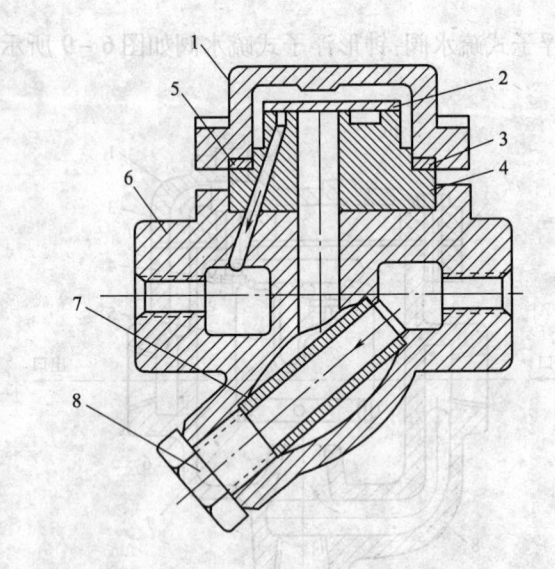

图 6-10 偏心热动力式疏水阀
1—上盖 2—阀片 3,5—垫片 4—阀座 6—壳体 7—滤阀 8—螺塞

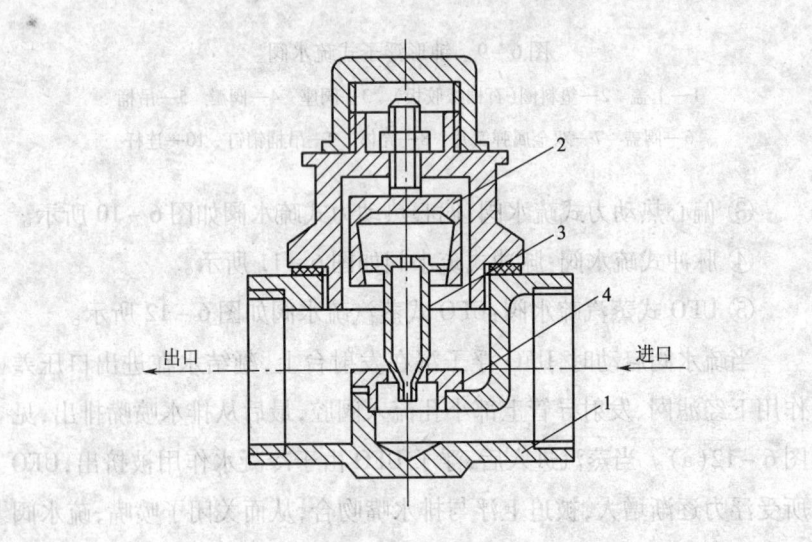

图 6-11 脉冲式疏水阀
1—阀体 2—调节套筒 3—阀芯 4—阀座

(a) 排水状态　　　　　　(b) 阻汽状态

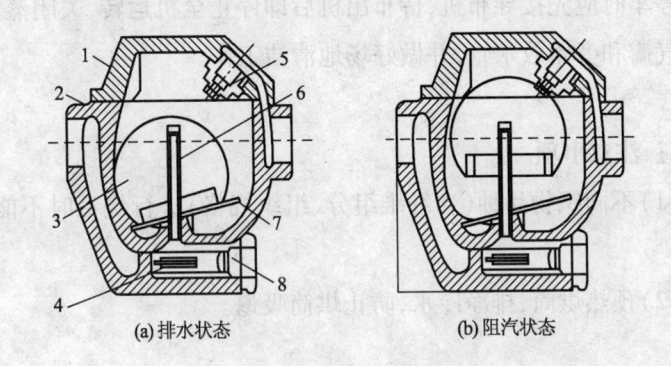

图 6-12　UFO 式蒸汽疏水阀

1—阀盖　2—阀体　3—不锈钢 UFO　4—不锈钢过滤网　5—不锈钢排水喷嘴
6—发射导管　7—不锈钢发射台　8—不锈钢过滤网托

达到阻汽排水的目的。这种 UFO 式蒸汽疏水阀具有自动阻汽排水功能，超低泄漏，排水畅，灵敏可靠，寿命长。其高背压率可实施高温凝结水无泵背压闭路回收。

3. 烘筒烘燥操作法

（1）开车前仔细检查传动部分，烘筒和疏水阀等主要部件是否正常，全机是否清洁。

（2）开车时烘筒部分应先开空车，微开蒸汽预热烘筒，同时开启空气瓣和疏水器前旁路放水管，直至烘筒内冷凝水排完，蒸汽从空气瓣冲出时，才将空气瓣和旁路放水管阀门关闭。这时烘筒已热，可以导布入机正常运转。这里应注意预热烘筒时，蒸汽不可开得太快，不然烘筒内冷凝水未排完，极易造成负压而出现烘筒吸瘪的事故。在正常运转中，要经常检查机械运转情况与织物的干湿状态、张力大小、油污卷边等情况。运转中若停车，应立即关闭蒸汽。正常运转时，蒸汽压力不能超过表压上的安全红线。

印染烧毛工

停车时应先接导布机,待布出机后即停止全机运转,关闭蒸汽,开启空气瓣和旁路放水管,并做好场地清洁工作。

三、注意事项

(1)不同织物品种(含纤维组分、组织规格)进行烧毛时不能搞错工艺。

(2)预热烘筒,排净冷水,防止烘筒吸瘪。

思考题

1. 烧毛工艺与加工产品纤维组分及组织规格有何关系?
2. 烧毛机开车前应重点检查哪些项目?有何意义?
3. 针对不同的织物应如何使用刷毛箱?
4. 烧毛工艺包括哪几个方面?针对不同织物如何掌握工艺?
5. 烘筒的结构与烘筒烘干的正确操作法是怎样的?
6. 烘燥机烘筒为什么必须装空气安全阀?
7. 疏水阀有几种类型?它们的排水原理是什么?
8. 烘燥机为什么必须装疏水阀?

第七章 烧毛进出布操作

第一节 烧毛进布

学习目标：能对燃气烧毛机火口进行点火操作,并能调节火焰的各项指标。

一、操作技能

(1) 会用电子点火器点燃火口火焰,当点火器失灵时会用点火棒或手枪式点火器点火。

(2) 能调节火焰的高度,并能处理火口火焰中部的缺口,做到烧毛无条花。

(3) 能操作电器柜启动、运转、调速与停止烧毛机。

(4) 能调节织物张力,熟练使用刷毛箱刷毛。

二、相关知识

1. 烧毛机仪表阀门的作用与操作法

烧毛机有燃烧系统供给燃气与空气的管路,线路上就有燃气与空气阀门和对应的燃气与空气的压力表。烧毛时要开启总门与每个火口的分门,调节其开启大小直至火焰符合工艺要求为止。开阀门的大小依据就是压力表显示的压力。显示压力大时,阀门开小些;显示压力小时,阀门就开大些,手动阀门是凭经验来掌握大小的。现在先进的烧毛机可以对火焰温度、布面温度、布速与烧毛均匀度进行预先设置,然后启动烧毛机就会自动完成烧毛。

2. 常用燃气的种类与性质

城市燃气是专供民用或工业用的某种清洁无烟的气体燃料,这类燃气具有热值高,容易点燃,能随意调节火焰大小,使用极为方便等特点,而且对环境几乎不造成污染,是一类极为理想的燃料。按燃气的成分及来源可分为天然气、人工煤气与液化石油气三大类。在无燃气供应的地区可使用小型汽油汽化器将汽油汽化后供烧毛机用,这将在后面介绍。

(1)天然气:

① 天然气的种类:天然气是蕴藏在地下岩层内的有机物,经过相当长时间的生化作用分解形成,由钻机开采出来的可燃气体。主要有气井气(即纯天然气)、石油伴生气与煤矿矿井气三大类:

a. 纯天然气:它是由多种低分子量的碳氢化合物(通称烷烃)组成的混合物。由气井开采出来的纯天然气以甲烷(CH_4)为主,含量占90%~95%,另有二氧化碳、硫化氢、氮气和微量的氦、氖、氩等气体,其热值为33000~36000kJ/m^3。

b. 石油伴生气:其甲烷含量约占80%左右,乙烷、丙烷、丁烷、戊烷等的含量约占15%,热值为43000~48000kJ/m^3。

c. 矿井气:它由甲烷30%~55%,氮气30%~50%,氧气5%~10%,二氧化碳4%~7%组成,只有当甲烷含量大于40%时才能作为燃气应用。矿井气热值为10000~17000kJ/m^3。

② 天然气的主要特性:

a. 天然气是一种易燃易爆气体,与空气混合后温度达到550℃就会燃烧;天然气在空气中浓度达到5%~15%,遇火就会爆炸。

b. 天然气无色,比空气轻,不溶于水。1m³ 气井气的重量仅为同体积空气的 55%,1m³ 石油伴生气的重量只有同体积空气的 75% 左右。

c. 天然气的主要成分甲烷本身无毒,但如果其含硫化氢较多,则对人身有毒害作用。如果天然气燃烧不完全,也会产生一氧化碳等有害气体,毒害人类。

d. 一般石油伴生气略带汽油味,而含硫化氢的天然气则略带臭蛋味。

(2) 人工煤气:人工煤气是指对固体燃料(如煤)或液体燃料(如重油)进行加工处理制得的可燃气体。

① 人工煤气的种类:按其原料与制取方法的不同,人工煤气可分为三种:

a. 干馏煤气:将煤在隔绝空气的条件下加热到一定温度,从煤中挥发出几种可燃气体,其主要成分有氢气(H_2)、甲烷(CH_4)、一氧化碳(CO),饱和与不饱和多碳烃类化合物,此外,尚有少量二氧化碳、氮气和氧气,热值约为 17000kJ/m³。

b. 汽化煤气:它是将含氧的汽化剂(纯氧、空气中的氧、水蒸气、二氧化碳等)直接通入煤气发生炉中,与煤一起燃烧产生的可燃气体。在煤气发生炉中,煤与汽化剂发生了一系列的氧化还原反应,制成了以一氧化碳与氢气为主的可燃气体,故亦称发生炉煤气,其中一氧化碳含量约 30% 左右,氢气含量约 50% 左右,其热值为 5410kJ/m³。

c. 油制气:重油经过预热雾化与水蒸气同时喷入 800℃ 的高温炉内,在催化剂的作用下,原料内的高碳氢化合物发生催化热裂解反应,制得氢气与低碳氢化合物,如烷烃、烯烃等,这些氢气与低碳氢化合物即是油制气的主要成分。其热值为 19000～21000kJ/m³。

② 人工煤气的主要特性：

a. 毒性：人工煤气中所含的一氧化碳是无色无味无臭的气体，但毒性很大；主要是一氧化碳与血红蛋白的结合力为与氧气结合力的 200~300 倍。含有一氧化碳的空气一旦吸入肺部，一氧化碳便迅速与血红蛋白结合，红血球便失去了输氧能力，人体组织便处于缺氧状态，最终导致窒息而死，故必须防止煤气泄漏与不完全燃烧。

b. 易燃易爆性：人工煤气具有易燃易爆的特性，当空气中人工煤气的含量在爆炸下限与上限之间时最易发生爆炸，所以当人工煤气泄漏出来与空气混合，在上下限之间时，一遇火种就会爆炸燃烧，其产生的高温、高压冲击波，会对建筑物造成极大的破坏。但当空气中人工煤气的含量低于下限或高于上限时，就不会爆炸燃烧，而只会引起中毒，这也要引起注意。

c. 密度：人工煤气比空气、气态液化石油气轻，主要是氢气含量高，占 50% 以上之故。焦炉煤气的密度为 $0.48 \sim 0.52 kg/m^3$，空气为 $1.293 kg/m^3$，液化石油气为 $2.36 kg/m^3$。因此，人工煤气泄漏出来后，只要通风条件良好，就能很快散发至室外。

(3) 液化石油气：它是石油化学工业的副产品，主要从炼油厂的催化裂化和催化重整装置中获取。其主要成分为丙烷、丙烯、丁烷、丁烯等。通常液化石油气的热值为 $92000 \sim 122000 kJ/m^3$。其基本特性如下：

①在常压与常温下呈气态，当压力升高或温度降低时极易变成液态。液态时便于储液罐储运，从液态变为气态时，其体积扩大了 250 倍。所以说气液两态是液化石油气的独有特性。

②液化石油气与空气混合后也易燃易爆。其着火点为 450℃。空气中液化石油气含量只要达到 2%~9%，遇明火就会爆炸燃烧。

③液化石油气能使一般橡胶软化变质，故输送该气时必须使用耐

油胶管。为便于查找液化气的泄漏,常在液化石油气中加入一种类似农药 DDT 的添加剂,这样就可凭借这种特殊气味来判断有否泄漏,从而避免事故的发生。

④液化石油气本身无毒,但当空气中的液化石油气含量较高时,会对人的中枢神经起麻醉作用。如果燃烧不完全,也会产生一氧化碳等有毒气体。

⑤液态液化石油气比同体积的水约轻一半,而气态液化石油气则比同体积的空气重 1.5~2 倍,所以在使用时必须注意以下两点:

a. 液化石油气如果从钢瓶中泄漏出来,不是向上飞散,而是向地表面或低洼处沉积,然后减压蒸发。当空气中液化石油气含量在 2%~9% 时,遇明火会立即爆炸燃烧,造成事故。

b. 发生事故后,其对人体的伤害比较严重,因为混合气与人体皮肤接触,呼吸到肺部的也都是混合气体,这样里外一起燃烧,伤害就相当严重了。

3. 燃气的质量标准

总的来说,燃气的质量标准包括:

(1)燃气的热值高而且稳定。

(2)燃气的组合均匀且无较大变化。

(3)燃气中不含或尽量少含有害气体杂质。

(4)燃气只要稍有泄漏就能迅速察觉。

(5)燃烧产生的废气尽量不危害人体健康。

根据上述五项总要求,目前我国大中城市对燃气的质量标准一般规定如下:

(1)城市燃气组合的变化或波动,必须使其热值、相对密度、火焰传递速度等指标符合原有用气设备的燃烧性能要求。

(2)作为燃气的主气源,其热值不宜降低;对于人工煤气的低热值应大于15000kJ/m³,且一氧化碳含量应小于燃气的10%,因为它是无色无臭有剧毒的气体。

(3)燃气中的杂质允许量应严格遵守如下规定:硫化氢(H_2S)<20mg/m³,氨(NH_3)<50mg/m³,焦油及灰尘<10mg/m³,萘($C_{10}H_8$)<50mg/m³(冬季),<100mg/m³(夏季)。

(4)城市燃气应具有容易察觉的臭味,无臭的燃气应加臭,一般每1000m³燃气中加入乙硫醇16~20g。加臭应严格按照如下规定:

① 有毒燃气在达到允许有害浓度之前应能察觉。

② 无毒燃气相当于爆炸下限20%的浓度应能察觉。

4. 燃烧过程中防止回火与脱火的措施

(1)燃烧过程中燃气与空气形成的混合气流从火口流出的速度与火焰向火口内未燃的混合气流传播的速度相等平衡时,火焰就能稳定在火口上,形成稳定的燃烧;反之,当两者不平衡时,就形成不稳定燃烧。回火是指火焰传播速度超过了燃气与空气混合气流从火口流出的速度,火焰缩进火口内部燃烧,并发出爆响噪声。回火破坏了火口的正常燃烧,不仅不能利用火焰烧毛,而且会使火口烧变形,形成事故。防止回火的措施:

① 把长方形狭缝式火孔缩小或者减少多孔式火口的小火孔,目的是提高混合气流的速度,使混合气流的速度跟上并等于火焰传播速度。某内衣染织厂从日本进口的烧毛机是多小孔式火口,试车时无法开车,一开车火焰就缩进火口内燃烧,经分析研究,主要是每个火口有四排全幅2mm口径的孔眼,燃气向出口的流速跟不上燃烧速度而缩进火口内部燃烧之故,该厂当机立断,立即封住两排小孔,留两排小孔,这样燃气出孔洞的流速就跟上了燃气的燃烧速度,从此再也没有

发生缩进火口内部的不正常燃烧。

② 冷却燃烧器头部整体,降低燃气与空气的温度,从而降低燃烧速度,就可以防止回火。

③ 选用火焰传播速度较小的燃烧气也可防止回火,但这主要看有无两种以上燃气供应的条件。

(2) 燃烧过程中燃气与空气的混合气流从火口流出的速度超过了火焰的传播速度,致使混合气体还未燃烧就离开了火口,散布到空气中,这就是脱火。脱火也是一种不稳定燃烧,不仅浪费燃气,还可能造成中毒与火灾事故。所以要绝对避免脱火。防止脱火的措施:

① 采用火焰传播速度快的燃气,就不易脱火。

② 考虑预热混合气与适当提高火口表面温度,使混合气更易于点燃就不至于脱火了。

③ 增大火孔直径,降低混合气流速,这样就不会脱火了。

第二节 烧毛出布

学习目标: 掌握烧毛质量标准,会用冷水辊与灭火装置。

一、操作技能

(1) 按烧毛质量标准监控烧毛出布的质量。

(2) 用好冷水辊与灭火装置,保证烧毛质量。

二、相关知识

1. 烧毛质量评定标准

烧毛质量评定标准见本书第四章。

2. 冷水辊与灭火装置在烧毛工艺中的作用

(1)冷水辊是为了对高温特别敏感的纤维纯纺或混纺的织物而设计的,由于冷水辊温度低,对织物起降温保护作用,新型烧毛机的火口均是可以转动角度的,而冷水辊是可移动的,可以对织物采取透烧、对烧与切烧三种方式,后两种能较好地保护热敏感纤维,见下图。透烧是最强火力的烧毛方式,适用于棉纤维与黏胶纤维纯纺织成的布,以及它们的混纺织物。而对烧时坯布在烧毛过程中仍然较冷,由于冷水辊的阻挡火焰不能透过织物,仅在外层表面和织物纱线交织点间有效,故这一烧法适合合成纤维及其与棉、黏胶的混纺织物以及组织较稀疏的织物。切烧是指火焰以切线方向接触通过的坯布,火焰仅能烧去突出的纤维末端,切烧适用于轻薄型对热特别敏感的织物。

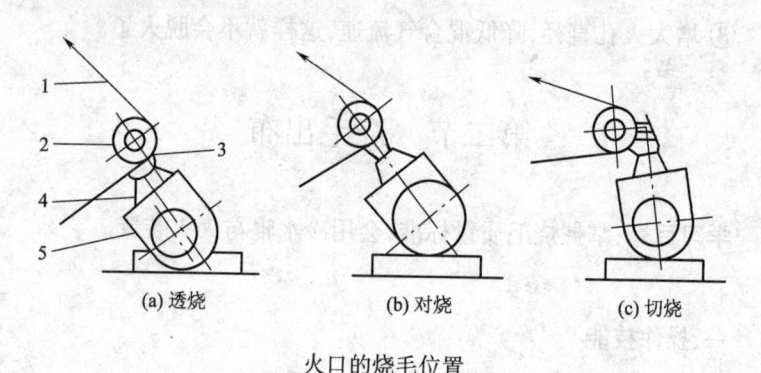

(a)透烧　　(b)对烧　　(c)切烧

火口的烧毛位置

1—织物　2—冷水辊　3—烧毛火焰　4—耐火砖　5—火口

(2)灭火装置,不论是蒸汽灭火、喷雾灭火还是浸渍退浆液灭火,最终目标都是要熄灭织物上的火星、燃着的线头并使织物本身的温度降下来,保证织物上无很小的破洞与焦点,织物的断裂强度不受任何影响。

三、注意事项

(1) 监管好烧毛出布的质量。

(2) 灭火装置不能失效。

(3) 烧毛冷水辊要有水交换。

思考题

1. 常用燃气的种类与性质是什么？
2. 燃气的质量标准有哪些？
3. 如何防止回火与脱火？
4. 冷水辊与灭火装置起什么作用？为什么？
5. 三种烧毛方式中哪两种对保护合纤织物起重要作用？为什么？

第八章 烧毛运行操作

第一节 工艺检查

学习目标：监控各类织物烧毛的主要工艺参数，并及时处理烧毛疵点，确保烧毛质量。

一、操作技能

（1）能根据燃气压力波动情况与生产织物的变换，及时调节燃气阀门大小以求火口火焰温度达标。在燃气压力确实过低的情况下，能调低车速保证烧毛质量。

（2）能及时发现并处理各种烧毛疵点。

二、相关知识

1. 燃气燃烧的基本知识

某种物质与氧强烈反应的同时，发出大量热与光的现象叫燃烧。燃气的燃烧是指其中的可燃成分在一定条件下与氧发生剧烈的氧化反应，并产生大量光与热的化学反应过程。以下对燃烧的理论作粗略的讨论。

（1）燃烧的基本条件：一般而论，燃烧必须具备三个条件：

① 有可燃物质，如氢气、甲烷、乙烷、一氧化碳等，能与空气中的氧或其他氧化剂起剧烈的化学反应。

② 有能助燃的物质,即能与可燃物质起剧烈化学反应的物质,如空气中的氧、高压氧或其他氧化剂等。

③ 有能促使可燃物质达到着火点的火源,如电火花、明火、未熄灭的烟头等,这是能引起并维持燃烧的最低温度。

以上三点称为燃烧三要素,缺少任何一点都不能引起燃烧。因此,要想终止燃烧,只要去除三要素中的一两点就能达到目的。

(2) 着火与燃烧的浓度极限:

① 着火温度:由稳定的氧化反应转变为剧烈的不稳定氧化反应,而引起燃烧的一瞬间,称为着火。可燃气体在空气中能引起自燃的最低温度称为着火温度。可燃气体的着火温度取决于自身的化学组成。

燃气与空气混合物要燃烧,必须先着火。着火有两种方法:一种是使所有的混合物均达到可以自动着火的温度,称为自动着火法;另一种是先局部点燃冷态的燃气空气混合物,产生的火焰以一定速度向整个容器传播,燃烧过程中不断补充未燃的燃气空气混合物,这就是强制点燃法。目前用得较多的是强制点燃法,点火方式有小火点火、电火花点火,也可先用电火花点燃小火,再用小火点燃大火。

② 燃烧浓度极限:在燃烧学上把混合气连续不断地进行着火过程而必须的最低燃气浓度称为着火浓度的低限(也称下限);使混合气着火过程连续不断进行而必须的最高燃气浓度称为着火浓度的高限(也称上限)。燃气的燃烧浓度极限也常称为爆炸极限,意即在此范围内燃气混合气极易发生爆炸燃烧。

燃烧浓度极限与燃气空气混合物自身的温度、压力有关。混合物自身温度越高,燃烧浓度的上下限范围越宽;混合物温度越低,燃烧浓度的上下限范围越窄。混合物所受的压力越高,燃烧浓度的上限随着提高,但下限几乎不变;当混合物压力低于一个大气压(101kPa)时,燃烧浓度的上下限范围就会越来越窄。部分燃气的燃烧浓度极限见表8-1。

表8-1　几种可燃气体的燃烧浓度极限

气体名称	可燃气体占混合物的含量(%)	
	下限	上限
氢	4.0	75.90
一氧化碳	12.00	74.20
天然气	4.5	13.5
甲烷	5.00	15.00
丙烷	2.37	9.50
丁烷	1.86	8.41
丁烯	1.70	9.00
焦炉煤气	5.60	31.00
发生炉煤气	20.70	73.70
高炉煤气	3.50	75.0
水煤气	6.20	72.00

由表8-1可以看出,鉴于液化石油气的主要成分为丙烷、丁烷,它们的爆炸极限下限范围很低,稍有泄漏就会达到下限范围,因此其漏气的危险性比其他燃气大得多,操作时必须特别提高警惕。

(3)燃烧时燃气与空气的混合比对燃烧效果的影响:我们都知道燃烧的一个条件是供应适量的氧气。通常情况下,燃气燃烧所需的氧气直接取自空气。干空气的组合可以看做是按氧气21%,氮气79%的体积组成的,其体积比为:

$$N_2/O_2 = 79/21 = 3.76$$

这说明燃气按燃烧反应方程式计算出的氧气量,还需加上3.76

倍的氮气才是空气量。燃气完全燃烧时理论上所需的空气量称为理论空气量。理论空气量定义为按燃烧反应方程式所计算出的空气量，即：

理论空气量 V = 所需的干空气量(m^3)/燃烧的燃气量(m^3)

这是每立方米燃气与空气混合气能完全燃烧的最小空气量，也就是理论空气量。显然，这个理论空气量在实际燃烧中是不足的。表8－2是部分燃气的理论空气量。

表8－2 燃气的理论空气量

燃气种类	每立方米燃气所需氧气(m^3)	每立方米燃气所需空气(m^3)	燃气种类	每立方米燃气所需氧气(m^3)	每立方米燃气所需空气(m^3)
焦炉煤气	1	4.62	一氧化碳	0.5	2.38
伍德煤煤气	0.9	4.34	甲烷	2.0	9.52
发生炉煤气	0.3	1.52	乙烯	3.0	14.28
水煤气	0.5	2.54	乙烷	3.5	16.66
重油催化裂解气	0.9	4.46	丙烯	4.6	21.85
重油蓄热裂解气	1.9	8.94	丙烷	5.0	23.80
天然气	2.2	10.24	丁烯	6.0	28.58
硫化氢	1.5	7.14	丁烷	6.5	30.94

因此，为了让燃气完全燃烧，在实际燃烧过程中势必要供应过量的空气。实际空气量与理论空气量之比，称为过剩空气系数(α)，即：

$$\alpha = V_{实际}/V_{理论}$$

$$V_{实际} = \alpha V_{理论}$$

一般掌握 $\alpha > 1$，α 值的大小取决于燃气的燃烧方式与燃烧设备的运行状况。α 值过小，燃气燃烧不彻底，不完全燃烧损失增大；α 值过大,则增加了燃烧产物的量,这两种情况都使理论燃烧温度降低,加上设备达不到应有的温度,使热效率降低。为了保证完全燃烧,应尽量降低 α 值。在工业燃烧设备中,α 值通常控制在 1.05~1.20 之间,而印染厂通常掌握过剩空气系数为 1.08~1.18。这样既不浪费燃气又不增加烟气排放量。

(4)火焰传播速度与燃烧的分类:燃气的燃烧速度也称火焰传播速度。未燃气体与已燃产物的分界面,通称为火焰面,焰面向前移动的速度就定为火焰传播速度。燃气的燃烧速度目前尚无法用精确的理论公式计算,但可采用实验的方法来测定,部分可燃气体与空气混合物的最大燃烧速度见表 8-3。

表 8-3 燃气与空气混合物的最大燃烧速度

气体名称	静力法测量		动力法测量($t=20℃$)		
	最大火焰传播速度时燃气在空气中的含量(%)	最大火焰传播速度(m/s)	最大火焰传播速度时燃气在空气中的含量(%)	最大火焰传播速度(m/s)	一次空气系数
氢气	38.5	4.83	42	2.67	0.56
一氧化碳	45.0	1.25	44	0.56	0.46
甲烷	9.8	0.67	10.5	0.37	0.90
乙烷	6.5	0.85	—	—	—
丙烷	4.71	0.821	4.3	0.42	1.0
丁烷	3.66	0.826	3.3	0.38	1.0
乙烯	7.1	1.42	—	—	—
焦炉煤气	17.0	1.7	—	—	—
油页岩气	18.5	1.3	—	—	—
发生炉煤气	48.0	0.73	—	—	—
水煤气	43.0	3.10	—	—	—

火焰传播速度 V_h 与以下因素有关：

① V_h 与可燃气体的组分有关，速燃气体的 V_h 大，缓燃气体的 V_h 小。

② V_h 与空气混合物的预热温度有关，初温越高，V_h 越大。

③ V_h 与燃气中惰性气体的含量有关，惰性气体含量高，V_h 就小（此处惰性气体是指二氧化碳与氮气）。

④ V_h 与燃气空气混合比有关，即与一次空气系数（α_1）有关，当 $\alpha_1 = 0.95$ 时，V_h 最大。

根据燃气燃烧前与空气混合的情况，即一次空气系数 α_1 的情况，燃烧可分为三大类：

① 当 $\alpha_1 = 0$ 时，为扩散式燃烧，燃气在燃烧前未与空气预先混合，燃烧所需要的氧气依靠扩散作用从周围的空气中获得。

② 当 $1 > \alpha_1 > 0$ 时，为大气式燃烧，燃气在燃烧前预先混入一部分空气而进行燃烧。大气式燃烧的过剩空气系数小，故燃烧效率高，火焰温度高，不需特殊装置即能进行燃烧。

③ 当 $\alpha_1 \geq 1$ 时，为无焰式燃烧，在燃烧前将燃气与空气预先按比例均匀混合，不再需要二次空气，这种方式是燃气最合理的燃烧，在燃气的化学能转换为热能的过程中损失最小。其燃烧速度快，几乎看不见火焰，故称为无焰式燃烧。其火焰温度也很高，但燃烧稳定性稍差，易回火和脱火。

总之，第三种无焰式燃烧优于前两种，是印染厂用得最多的燃烧方式，对提高效率与节约能源均有好处。这种方式需要动力送风，以高压空气通过专用的引射装置把燃气引入管道并与空气充分混合，供火口之用。

空气引射燃气的混合装置（见下页图），其原理是高压空气经过锥形管,由于进口管径大,出口管径小,空气在出口处形成高流速,这样就在空气出口管周围空间形成负压,而将燃气按比例引入与空气混合,并送入火口供烧毛用。

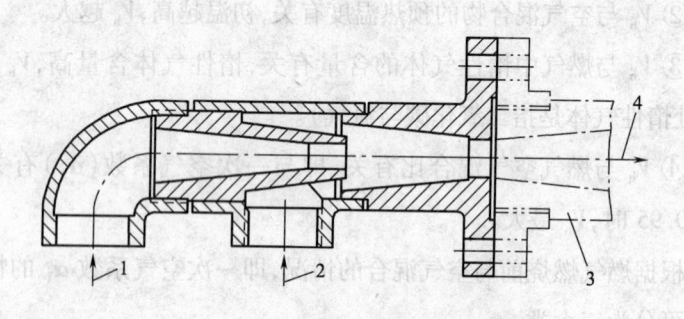

空气引射燃气混合装置

1—空气 2—燃气 3—火口 4—混合气

2. 烧毛常见疵病产生原因及克服方法

烧毛常见疵病产生原因及克服方法见表8-4。

表8-4 烧毛常见疵病产生原因及克服方法

疵病名称	产生原因	克服方法
烧毛破洞	双层火口烧毛时,上下层火口间未装隔板,上层织物燃烧的火星落在下层织物上蔓延而成破洞	烧毛火口有上下层时,应在上下层火口间装铁皮挡板
	汽油烧毛时,汽油未完全汽化,烧毛时有小油点喷在布上造成油点在布上燃烧	注意检查汽油汽化质量和烧毛后的布面情况
	灭火效果差,干布落布时布层中仍有残余火星	注意检查灭火效果
	灭火平洗装置的橡胶轧辊上轧进铁钉、螺钉、电焊渣等硬物,因此轧辊每转一圈即在织物上轧成一个破洞	经常检查布面情况和橡胶轧辊有否轧进硬物,特别是修机清洁后,开车前更要仔细检查

续表

疵病名称	产生原因	克服方法
烧毛脆损	烧毛工艺太激烈,造成过烧,尤其对于化纤织物要特别引起注意	化纤织物烧毛工艺要合理,烧毛工艺应通过实验确定,既要求烧毛效果好,强力损失又要小。烧后布幅收缩不能太大,落布时布层温度应低于50℃
	可燃性气体压力突然变化造成火力增大,特别是使用城市煤气的工厂,在夜间应注意煤气压力的变化	随时注意可燃性气体压力的变化,适当调整火力大小
烧毛条花	火口堵塞,造成火口缝隙中的火焰部分中断,没有火焰的部分织物未烧毛,造成染色后产生条花	发现火口堵塞,应用特制工具疏通火口
	进布歪斜或织物起皱,造成织物局部未烧毛	注意进布,保持织物不歪斜、不起皱
烧毛不净	未按规定工艺操作,或规定的工艺本身就未达到烧毛净的要求	加强烧毛的质量管理,定期检查烧毛质量级数,制定出最合理的烧毛工艺条件。操作工人要严格按工艺规定执行
纬斜	缝头不平直,会形成直线、弧形和波浪形纬斜	缝头必须平直,稀薄织物若纺织厂用剪刀开剪的,必须扯头缝接
	小导辊不平整	发现小导辊不平整应检修
	出布轧辊左右压力不均匀,形成织物左右两端纬纱有超前滞后现象	注意保持压辊压力两端一致

三、注意事项

(1)经常检查烧毛质量,注意调整工艺参数。

(2)及时找出烧毛疵点产生的原因并立即克服。

(3)注意燃气与空气的均匀混合,使火口始终保持无焰燃烧。

第二节　设备检查与保养

学习目标：掌握检查烧毛全机运行状态的技能，并能全机清洁加油。

一、操作技能

(1) 具有对烧毛机多单元运行状态的检查技能，发现问题及时纠正。

(2) 能对烧毛机进行清洁加油。

二、相关知识

1. 烧毛机多单元运转检查

(1) 检查烧毛织物的运转情况，有否皱条、跑偏现象，穿布路线（包括是否刷毛，烧几正几反）、火焰高度等是否符合工艺要求。

(2) 检查燃气压力表、蒸汽压力表、气压表、温度计、安全阀与疏水阀等是否符合要求。

(3) 查看各路管道（包括燃气、压缩空气、蒸汽、水、碱与退浆液管路）有无渗漏现象。

(4) 用眼看耳听与手摸三种方式检查传动机件有无不正常的震动与异声，有无抖动与过热现象，一经发现及时处理。

2. 烧毛机维护保养知识

(1) 所有轧车轧辊表面应经常保持清洁，特别要防止坚硬的杂物轧入轧点，以免轧破织物。

(2) 气动加压的压力不应超过许用范围。

(3) 停车后，轧辊必须卸压，并相互脱开，以免久压成凹印，造成压轧不匀。在穿导布带时,应尽量降低轧辊进气压力。

(4)进布架的封闭罩内应定期清除积聚的纱头及尘埃。

(5)刷毛箱中的刷毛辊及金刚砂辊上的纱头必须定期清除。

(6)火口表面应定期清除积聚的灰尘,停车后及时揩车清洁。火口狭缝内在每次开车前用薄片通一下,防止因阻塞影响烧毛效果。

(7)烧毛机部分导布辊轴承,需定期加高温润滑脂。

(8)减速器润滑油,应保持一定的油位高度和清洁程度。

(9)各传动部分和轴承处经常保持润滑良好。

三、注意事项

(1)发现有影响烧毛质量的不正常状态必须及时处理改进。

(2)每次开车前必须检查烧毛火口的平、直、均匀性。

第三节 电器操作

学习目标:掌握电器控制柜操作程序,懂得烧毛机上电器的联动作用,开机时必须照规定操作。

一、操作技能

(1)能按电器柜操作程序启动运转烧毛机。

(2)能做好防火、防尘、防毒、防爆四项工作。

二、相关知识

1.电气控制柜操作程序与电器联动作用的说明

(1)开车前的准备工作:

印染烧毛工

① 调整好进入本机轧车气动加压的压缩空气压力。

② 根据加工织物的品种,调整好刷毛箱中的刷毛辊、金刚砂辊与织物的接触弧面,刮刀与织物的角度。

③ 退浆酶液在机外液槽中预先加温至工艺规定的温度。

④ 选用汽油气为燃料时,必须预先做好汽油汽化的准备工作。

(2) 操作程序:

① 采用煤气或丙烷、丁烷为燃料时,烧毛部分的操作程序:

a. 合上控制台上的总开关。

b. 按排风机的启动电钮,使火口烟罩内的残余可燃气体事先排除,防止煤气爆炸。

c. 合上点火开关,再按鼓风机按钮。不点火时,可暂时断开点火开关,关鼓风机电钮,以保证安全。

d. 按启动按钮,使烧毛机启动,并自动升至导布的运行速度。

e. 将导布引至平幅打卷机或平幅落布架,待加工布出来后,正常运转落布,可以调整适当的线速度,使进入容布箱的织物具有适宜的张力。调压器的电压越高,车速越快,张力越大,调好后,以后每次开车、停车可不必再行调节。只有在改变织物品种时,才根据需要重新调节。

f. 按刷毛箱启动电钮,使刷毛辊、金刚砂辊转动。

g. 合上电磁阀开关,使电磁阀打开,进入煤气。

h. 当导布快要走完,需要开始烧毛时,随即合上点火开关,将全部火口点燃后,即断开点火开关。

i. 根据工艺要求,点按升速或降速按钮,调整车速,使烧毛机在工艺规定的车速下运行。

② 采用汽油气为燃料时,烧毛部分的操作程序:

a. 参照煤气或丙烷、丁烷烧毛操作程序 a、b 顺序进行。

b. 先合上点火开关,再按汽化器的鼓风机电钮,不需点火时,可暂时断开点火开关,关鼓风机电钮,以保证安全。

　c. 参照煤气或丙烷、丁烷烧毛操作程序 d、e 顺序进行。

　d. 按油泵启动电钮,使汽油汽化器油泵启动。

　e. 合上电磁阀开关,使电磁阀门打开,进入汽油气。

　f. 按刷毛箱启动电钮。

　g. 参照煤气或丙烷、丁烷烧毛操作程序 h、i 顺序进行。

③ 停车时的操作程序:

　a. 加工结束时,只要按全机运转停止电钮,全机随即停车。再按鼓风机停止电钮和刷毛停止电钮,最后关闭电源总开关。

　b. 在短时间内处理故障需要中途停车时,先断开电磁阀开关,关闭进燃烧气的阀门,待管路中余气烧尽后,再按全机停止的电钮,而让鼓风、排风、刷毛继续运转。故障处理结束再次运转时,即按开车顺序开车。

(3) 电气联动作用的几点说明:

① 先开排风,并合上点火开关,才能开鼓风,以保证安全。

② 先开鼓风及主传动后,才能打开电磁阀,否则,电磁阀开关不起作用。只要鼓风及主传动中有一个停止,电磁阀立即自行关闭。

③ 机器启动时,感应调压器的伺服电动机与机器同时启动,当电压升至导布运行电压时即自行停转;停车时,伺服电动机反向启动,自动将调压器回复至最低电压位置。

④ 容布箱和落布架上的力矩电动机,开车时与联合机的直流电动机同时接通电源,而在停车时,力矩电动机则是延时停止转动的。

2. 烧毛机安全生产注意事项

烧毛机的安全生产很重要,重点应放在防火、防尘、防毒、防爆上,

因为这关系到人身安全、设备安全和质量安全等几个方面。烧毛机操作人员应通过消防培训,做到:

(1)防止火警:任何一种烧毛机都需要燃料燃烧来烧毛,因此,在生产中防止火警是十分重要的。烧毛机应安装在单独的厂房,与原布间及与其他机台联合时,应用防火墙隔开,并配备完整的消防措施。要有一套完整的操作方法,并能采取机械、电气措施来解决因突然停电或机械故障而引起的烧坏布匹现象。双层烧毛机火口的上下层之间应装有挡火板,防止火星落下而使织物烧破洞。烧毛车间应配备必要的消防设施,杜绝火警事故。

(2)防止烟尘:原布经过进布装置及刷毛后,有许多短绒毛及尘埃飞扬空中;烧毛时,有许多烟气散发出来,污染空气,对人体健康影响很大。因此,每台烧毛机的进布部分、刷毛部分、烧毛部分都应装有严密的金属隔离罩,并采用机械排风,把有害气体排出室外,保证周围的空气新鲜。

(3)防止中毒:各类烧毛机的供气管道与阀门、排气烟道等如果装配和制造不严密,都会有一氧化碳和其他有毒气体散发出来。一氧化碳气体在空气中占0.03%时,即对人体有害;占到0.2%时,可使人失去知觉;占到0.4%时,即可使人死亡。因此,必须严格检查管道系统及烟道,不许泄漏。万一嗅到煤气气味时,要立即检查原因,采取有效措施及时解决。

(4)防止爆炸:烧毛机所使用的可燃气体,如煤气、汽油气、丙烷、丁烷等,与空气混合到一定比例,在一定的温度条件下会发生突然爆炸。爆炸下限较低的气体,危险性较大。例如,汽油气在空气中的浓度为1.2%~7%时,局部温度大于230℃即会发生爆炸;煤气在空气中的浓度为4%时,局部温度达到500℃,也要发生爆炸。爆炸时会损坏设备并伤及人身,因此,必须认真检查及时处理,才能防患于未然。

三、注意事项

(1)烧毛机正常运转中切忌待烧毛织物被轧牢或压住,因为这样会引起火烧织物事故。

(2)防止突然熄火燃气泄漏,造成二次点火时的爆燃事故或中毒事故。

第四节 生产过程记录

学习目标: 做好本机有关的各项生产过程记录,正确填写本机产量、质量与工艺原始记录。

一、操作技能

能按加工产品生产顺序填写本机产质量与工艺参数原始记录。

二、相关知识

(1)烧毛机产量、质量与工艺原始记录表(表8-5)。

表8-5 烧毛机生产记录

年	月	日	班 产 量			烧毛工艺条件								质量记录	
						刷毛		烧毛		烧法			冷水辊	灭火	退浆	班别	烧毛质量级数
批	箱	品名	规格	幅宽	箱匹	紧	松	正	反	对	透	切					
01	1	府绸	14.6tex × 14.6tex, 523.6 根/10cm × 283.5 根/10cm	112cm	72	√		二	二		√		√	√	√	甲	3.5~4.0

(2) 烧毛机管理知识：

① 烧毛机生产任务单由生产计划科下达，内容是批号、品种、规格、箱数、箱匹数、总数等。

② 烧毛机生产工艺指定书由生产技术科下达，包括全天三个班的内容、批号、品种、规格、刷毛状况，烧毛工艺包括织物正反面各烧几次，是透烧、对烧还是切烧，用灭火箱干落布还是浸轧退浆液湿落布等。

③ 由车间设备保养组安排保养人员每天开车时巡回检查至少每班两次。发现不正常情况要紧急处理，以防发生设备事故与火警或中毒事故。

三、注意事项

勿忘填写产质量与工艺原始记录。

思考题

1. 燃烧有哪三个基本要素？为什么缺一不可？
2. 燃烧分哪三大类？为什么？印染厂烧毛机燃烧为什么选用无焰式燃烧？
3. 烧毛常见疵点与克服方法是什么？
4. 烧毛机运转检查包括哪些项目？
5. 烧毛机维护保养知识有哪几条？
6. 烧毛机操作程序有哪几条？电器联动机构有什么重要作用？
7. 烧毛机安全生产有哪几条要引起特别注意？

下篇 高级工

第九章 烧毛前准备

第一节 工艺准备

学习目标：熟悉各类织物的烧毛工艺技术特点，并根据特点要求掌握各项生产准备的技能。

一、操作技能

(1) 能区分纤维组分与组织规格不同的各类织物。

(2) 按工艺指定的要求做好生产准备，重点掌握刷毛箱张力与织物穿布路线，必须保证织物正反面的烧毛次数。

二、相关知识

各种纺织纤维经纺纱织布后成为各种组织规格的织物，经印染厂加工成色彩缤纷、美观大方、柔软飘逸且坚牢耐用的纺织品，供人们选用。印染厂的烧毛工序是保证织物光洁美观的重要工序。操作者一定要认真对待，绝不能有丝毫马虎。

在烧毛前必须搞清楚待烧毛织物是由何种纤维纯纺或混纺成纱再织成布的。弄清构成织物纤维的种类，再结合织物的组织规格，我们就可根据这两个重要因素来设计与实践烧毛工艺，烧去织物表面的绒毛，使织物光洁美观。因此，本章将对纤维的燃烧性能作粗浅的讨论。

印染烧毛工

1. 天然纤维(棉麻丝毛)的燃烧性能

本书已对纤维材料的基础知识作了介绍,大家都知道天然纤维是指棉纤维、麻纤维、羊毛与蚕丝四大类。由于它们的化学组成不同,因而表现出了迥然不同的性质,在遇火燃烧过程中呈现出不同的现象,现分述如下:

(1)棉纤维:当其接触火焰时立即燃烧,且燃烧速度很快,纤维燃烧时发出黄色火焰,稍有呈灰白色的烟雾,有烧纸的气味,远离火焰仍继续燃烧,即使吹灭火焰,其火星仍继续呈红色无焰短时漫燃。所以织物经火口烧毛后要经过压火辊与蒸汽或喷雾灭火,方能保证织物组织纤维不受损伤。

(2)麻纤维:其燃烧的基本特征与棉近似,但其燃烧时有烧干草或纸的烟气味,灭火措施与棉相同。麻织物的烧毛很重要,否则麻短纤维留在织物上,制成成衣后对人类皮肤造成的刺痒感无法消除。所以麻织物烧毛应尽量完美。

(3)羊毛:羊毛一接触火焰先卷缩,后冒烟再起泡燃烧,火焰呈橘黄色,燃烧速度较棉慢。离开火焰即终止燃烧,也不蔓延燃烧。燃烧时产生像烧焦羽毛和头发的气味,灰烬呈黑褐色球状或无定形块状,手指一压即碎。

(4)蚕丝:蚕丝遇火即卷缩成团,燃烧速度比棉慢,燃烧后呈黑褐色火球,手指一压即碎。有极轻的似羊毛的焦臭味。丝织物中要求特别光洁的织物,如绢纺织物等必须经过烧毛。

2. 再生纤维素纤维的燃烧性能

再生纤维素纤维是指以天然含纤维素高分子化合物如棉短绒与木材等为原料,经化学处理与机械加工后制成的纤维,包括黏胶纤维、醋酯纤维等。其燃烧性能分析如下:

(1)黏胶纤维:黏胶纤维的燃烧性状与棉基本类似,但燃烧速度比棉快,产生黄色火焰,也有烧纸的气味,灰烬很少,呈浅灰色,且有时不能保持纤维束原形。燃烧时,有时会发出轻微的噼啪声。故黏胶纤维织物烧毛时火焰掌握应比棉略小。

(2)醋酯纤维:醋酯纤维燃烧时有火花,并散发出刺鼻的醋酸味,比黏胶纤维燃烧慢;燃烧过程中,纤维会迅速熔化,滴下深褐色的胶状物,这种胶状物不燃烧,很快凝结成黑色且有光泽的块状物,用手指可以压碎。醋酯纤维织物的烧毛也要适当控制火焰。

3. 再生蛋白质纤维的燃烧性能

再生蛋白质纤维是在人类对服装追求自然化、多样化、舒适与休闲化的要求下,于20世纪末才逐渐开发成功的。这里仅介绍大豆蛋白纤维与蚕蛹蛋白纤维。

(1)大豆蛋白纤维:它是从榨油后的豆渣中提取的球蛋白再辅以特殊的添加剂纺丝而成的,其主要成分与羊绒、真丝颇为类似。大豆蛋白纤维耐150℃以下干热处理,温度升至160℃时变成微黄色,强力开始下降,200℃即变为深黄色,纤维发生脆损。大豆蛋白纤维遇火燃烧时,是边燃烧、边收缩、边熔融,离开火焰继续燃烧,燃烧时散发出烧毛发的气味,燃烧后的灰烬是松脆黑色硬块。对含该纤维的织物烧毛时应谨慎行事,应采用高速低火焰轻烧毛工艺,这样大豆蛋白纤维烧毛后就不致造成布面损伤,也不会产生不易观察到的小熔球,造成染色后成为小色点疵病。

(2)蚕蛹蛋白纤维:蚕蛹蛋白纤维依其共混与接枝共聚化学纤维部分的不同,有蚕蛹蛋白黏胶共混长丝纤维与蚕蛹蛋白—丙烯腈接枝共聚纤维。前者兼具蛋白质纤维与黏胶纤维的燃烧性能,后者则兼具蛋白质纤维与腈纶的燃烧性能。但黏胶纤维与腈纶都较易燃烧,所以由这两种纤维组成的蚕蛹蛋白纤维纺成纱织成布,制成纺织用品后,其烧毛也要认真谨慎对待,要保护好各种纤维的优越性,特别是蚕蛹蛋白纤维对人类皮肤良好的相容性与保健性。

4.合成纤维的燃烧性能

合成纤维品种较多,常用的有涤纶、锦纶、腈纶、氯纶、氨纶、维纶、乙纶、丙纶等。其与天然纤维、再生纤维混纺的纱织成的织物,吸取了两种纤维的优良性能,更受消费者欢迎。以下将分别介绍其燃烧性能。

(1)涤纶:该纤维易燃,遇火焰先引起卷缩熔融,然后燃烧,边烧边滴下熔融物,火焰呈黄色,焰边呈花色,火焰顶端有黑烟,纤维束离开火焰继续燃烧,灰烬呈黑褐色不规则硬块,手指可压碎,燃烧时有芳香的气味。故涤棉混纺织物烧毛应特别小心,可采用织物包绕冷水辊,火焰呈切线方向燃烧法;或用火焰对准包绕冷水辊的织物垂直烧,但火焰高温区离织物间距不变,这样才能将织物表面的绒毛迅速烧去,而不至于在织物上形成小熔球,造成色点。

(2)锦纶:锦纶比涤纶难燃,接近火焰即可引起纤维软化收缩;接触火焰则先熔融后燃烧,锦纶燃烧时产生呈蓝色边缘的橘黄色火焰;离开火焰立即止燃,并自行熄灭。燃烧时有氨臭味,灰烬呈褐色硬块,不易压碎。

(3)腈纶:腈纶接近火焰时先软化熔融,再燃烧;燃烧时呈现黑色火焰且略有闪光;离开火焰能继续缓慢燃烧,并冒黑烟。燃烧时散发出辛辣的气味,似煤焦油味,灰烬呈不规则黑褐色的脆性硬块或球状物,易碎。

(4)氯纶:相比其他合成纤维氯纶燃烧比较困难,在火焰边即软化,先熔融后燃烧,离开火焰自然熄灭,燃烧时冒黑色浓烟,具有氯的刺激气味。灰烬呈不规则黑褐色硬球状。

(5)氨纶：氨纶属聚氨酯纤维，其燃烧时有特殊性，靠近火焰时纤维先膨胀变成圆形，然后熔融，接触火焰则熔融燃烧，离开火焰仍能维持燃烧一段时间，然后自然熄灭。其火焰呈黄色或蓝色，视纤维组成成分而定，燃烧时有特殊的气味，灰烬呈白色胶状。氨纶应用较广，烧毛时也应当心。

(6)维纶：维纶比涤纶稍难燃烧，接近火焰时纤维迅速软化收缩，接触火焰顶端即刻燃烧，纤维离开火焰能缓慢延燃，最后熄灭。燃烧时呈黄色火焰，冒黑色烟雾，散发出带电石的刺鼻气味，灰烬呈黑褐色硬块，可以捻碎。

(7)丙纶：丙纶与涤纶、腈纶近似，也较易燃烧，与火焰接近立即卷缩，熔融成蜡状物。燃烧火焰呈黄色，冒黑烟，离开火焰能较快延燃，燃烧时散发出似烧石蜡的气味，有胶状物滴下，冷却后凝成似蜡块状，略透明，用手指能压碎。

三、注意事项

(1)注意检查刷毛箱张力状况及烧毛几正几反，不能搞错。
(2)凡混纺织物必须搞清纤维组分，以便掌握烧毛程度。

第二节　设备检查与操作

学习目标：了解各种烧毛设备的检查方法，掌握烧毛设备的检查技能。

一、操作技能

(1)能运转操作燃气与接触式烧毛机，并能排除简单故障。
(2)能对接触式烧毛机金属热板及圆筒进行维修保养。

二、相关知识

1. 燃气烧毛与热板烧毛的原理比较

燃气烧毛机是利用高温火焰灼去织物表面的绒毛,完全燃烧式火口在耐火砖的帮助下燃烧更完全,最高燃烧温度可达1200℃,任何纤维织物快速通过火焰上方5mm处时,其表面绒毛均被灼烧干净,包括纱线间的绒毛也一并烧去了。烧毛质量评级可达3.5~4级,适用于各种纤维织物。

铜板烧毛机是使织物通过灼热的铜板表面(约800℃)而灼去绒毛的,同时靠摇摆导布辊带动织物,不断改变织物在铜板上的位置,始终保持织物与灼热铜板新的位置接触,避开了局部冷却的铜板,从而保证了烧毛质量,也减少了铜板的磨损。摇摆装置亦能升降,可调节织物与铜板的接触面。通常织物与铜板的接触面呈全幅宽,长度在4~7cm之间。铜板烧毛对稀薄与提花织物不适用,更不能用于含合成纤维织物的烧毛。

圆筒烧毛机是使向前运行的织物与反向旋转的灼热圆筒(760~800℃)摩擦接触灼去绒毛的。正因为圆筒与织物反向转,故能充分利用赤热的筒面,从而避免了因铜板局部温度下降造成的烧斑疵点。对于稀薄与提花织物、含合成纤维的织物不适用。

铜板与圆筒烧毛机比较适用于低级棉与粗厚棉织物的烧毛,能提高这类织物的光洁度与服用性。

2. 接触式烧毛机

(1)热板烧毛机:热板烧毛机有铜板烧毛机和电热板烧毛机两种,电热板烧毛机已被淘汰,目前热板烧毛机以铜板烧毛机为主。

铜板烧毛机使织物迅速擦过赤热的铜板表面,从而使织物表面的绒毛被烧掉。铜板烧毛机除烧毛装置和气体烧毛机不同外,其余的组成部分大体相同。烧毛装置是由铜板、炉灶、摇摆导布装置、轧液装置及出布装置等部分组成的，如图9-1所示。

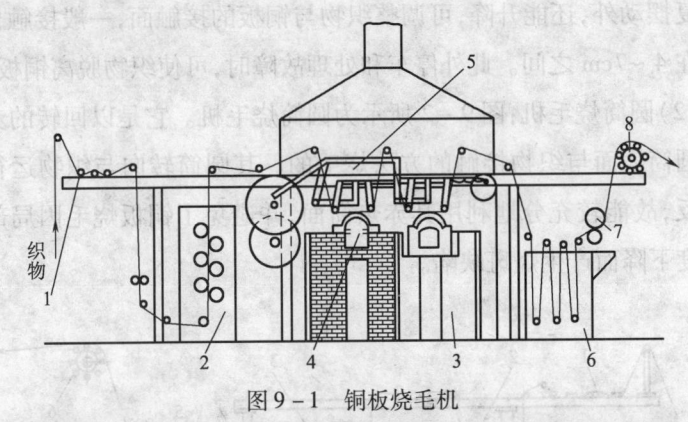

图9-1 铜板烧毛机
1—平幅进布装置 2—刷毛箱 3—炉灶 4—弧形铜板 5—摇摆导布装置
6—浸渍槽 7—轧液装置 8—出布装置

① 铜板：一般铜板烧毛机有铜板2~4块，分别置于炉膛上。铜板呈弧形，铜板弧形半径为200mm，厚度为30~40mm，一般多为合金铜板或紫铜板。合金铜板含紫铜80%、黄铜15%、磷铜5%。紫铜板含铜95%。在高温长时间作用下，铜易氧化，使铜板表面产生氧化层。这不仅影响传热性能，而且会使铜板表面不平整，造成烧毛不净和条花。为此铜板每周需要冷锉多次，冷锉后用零号砂纸砂光，以清除氧化层。铜板一般可用2~3个月。

② 炉灶：炉灶是加热铜板的部分，用耐火砖砌成，要求炉膛结构能均匀加热铜板，同时尽可能提高热效率。可用煤、燃油或气体燃烧加热铜板。

③ 摇摆导布装置：铜板烧毛机常用的燃料有煤和燃油，因煤间断加入，会引起温度波动，故在铜板上方安装有可以摆动的导布辊，在烧

毛时前后往复摆动,不断变更织物与铜板的接触面,从而避免了铜板局部冷却和磨损,提高了烧毛效果,减少了铜板的损耗。摇摆装置除能往复摆动外,还能升降,可调整织物与铜板的接触面,一般接触长度保持在 4~7cm 之间。此外停车和处理故障时,可使织物脱离铜板。

(2)圆筒烧毛机:图 9-2 所示为圆筒烧毛机。它是以回转的赤热金属圆筒表面与织物接触的方法烧毛的。其圆筒转向与织物运行方向相反,故能较充分地利用其赤热筒面,并避免了铜板烧毛因局部板面温度下降而产生烧斑缺陷。

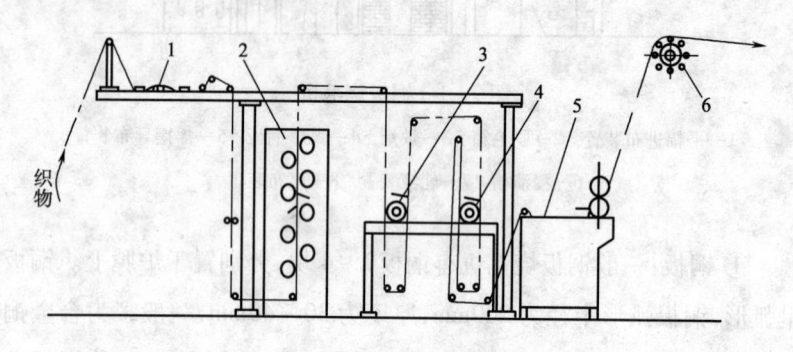

图 9-2 圆筒烧毛机
1—平幅进布装置 2—刷毛箱 3,4—烧毛圆筒 5—浸渍槽 6—出布装置

烧毛圆筒数量为 1~3 只,有两只以上可双面烧毛。烧毛圆筒材料有铜、铸铁和铁镍铬合金等几种,以铁镍铬合金较耐用。燃料有煤、煤气和重油。圆筒的温度可达 760~800℃。

烧毛圆筒两端各搁架于两只铸铁铁环圈上(一只为主动),摩擦传动回转。由于圆筒由炉膛喷射而来的火焰和烟道气从筒内加热,近炉膛部分热量较大,所以外径的圆筒两端采用不同的内径,以小内径端与炉膛相连,使用一段时间后,视需要可掉头安装使用,原大内径端内壁可镶火泥圈缩小其内径。圆筒上套有熟铁圈,以防止转动中因圆筒热胀冷缩、振动,筒端可能脱离铸铁环而滑落。圆筒表面温度较高,很易氧化腐蚀,每周也应冷锉几次,冷锉后同样应用零号砂纸砂光。

3. 气体烧毛火口的演变

20 世纪 60 年代烧毛机使用的是预混自由射流燃烧狭缝式火口,80 年代则为双燃烧室的双股平行射流高效火口,该火口非常接近完全预混燃烧。20 世纪末至 21 世纪初济南燃烧新技术开发有限公司研究开发了 FC 复合式烧毛火口,用碳硅陶瓷圆筒体使即将喷出火口的无焰燃烧再次产生强烈回流,不仅大大提高了燃烧效率,还将陶瓷圆筒加热到 860℃,形成了既具有无焰燃烧的气体烧毛效果,又具有圆筒接触烧毛效果的双重复合式烧毛火口,真正实现了强烈预混的完全燃烧。此外,现代烧毛机还发展了用电源加热的热板和圆筒烧毛机。由于火口结构类型较多,这里仅介绍三种有代表性的烧毛火口。

(1)狭缝式火口:这种火口结构简单,铸铁火口壳体内装有布满小孔的混合气喷气管,如图 9-3 所示。火口缝隙大小可按燃气种类调节:煤气为 0.7~1.0mm,汽油汽化气为 0.6~0.8mm,丙烷、丁烷为 1.2mm。这种火口燃烧时空气系数为 $0<\alpha<1$,缝隙容易堵塞、变形,火焰不均匀,燃烧不完全,热量损失多,温度低,仅 800~900℃,已渐被淘汰。

(2)高效火口:高效火口燃烧时 $\alpha\geqslant 1$,燃烧比较完全、充分,火焰温度、能耗和烧毛质量都较好。

高效火口如图 9-4 所示,燃气和空气经引射器混合后进入火口腔体,再经两排有一定交叉角的小孔进入混合室,然后经由不锈钢片组成的喷嘴再次混合,混合的燃气在耐火砖组成的燃烧室内燃烧并由喷缝隙喷出火焰。

为了节约燃气,可在火口腔体下部等距离地装数对调节阀。如 1600mm 幅宽的火口装 3 对,每只阀可控火焰幅宽为 125mm,这样,其火

印染烧毛工

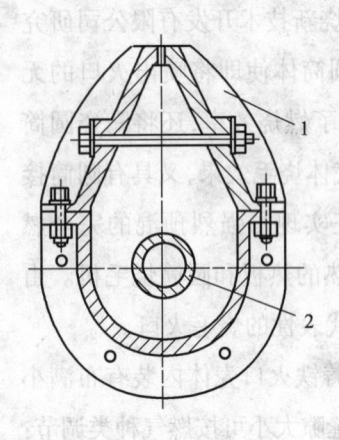

图9-3 狭缝式火口

1—壳体 2—喷气管

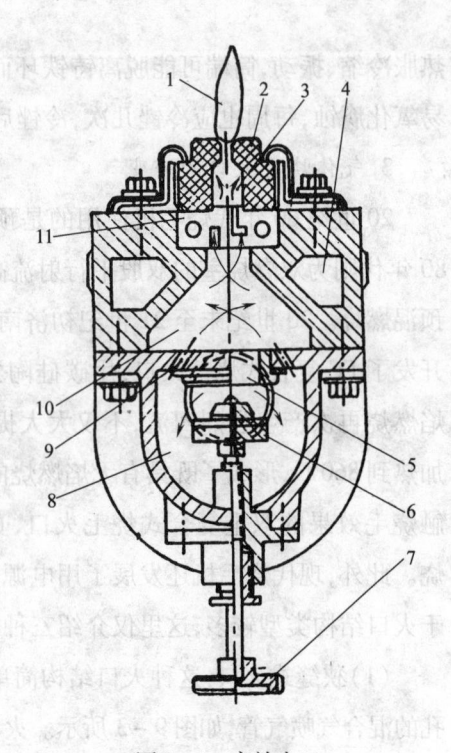

图9-4 高效火口

1—完全燃烧火焰 2—耐火砖 3—炉内焰
4—冷却水通道 5—燃烧气切断孔 6—截止阀
7—截止阀手柄 8—气体第一次混合室
9—交错排列的喷孔 10—气体第二混合室
11—不锈钢叠片喷嘴

焰宽度可控制为1650mm(3对阀全开)、1400mm(关掉火口两端的一对阀)、1150mm和900mm四档,大体可适应1600mm以内幅宽的织物烧毛。

高效火口的优点:

① 腔体容积比狭缝式火口大,故混合气压力较稳定,混合较均匀,燃烧较完全。

② 喷嘴材料为不锈钢,变形小,火焰平直有力。

③ 两排耐火砖充分吸收了热能,提高了火焰温度。

高效火口强化了燃气与空气的混合和预热,提高了燃烧反应的速度,并促使反应正向进行,较好地实现了完全燃烧。

(3) FC 复合式火口:这种火口兼具气体烧毛和接触烧毛的效果,故称为复合式火口,是近年来性能较好的火口。FC 火口包括火口体、火口燃烧室和转动的炽热瓷管三部分。下面就火口体与碳化硅瓷管进行简要的介绍。

① 火口体:火口由上下两部分组成。火口下体腔内有一套高效率的燃气和空气预混装置,使混合气产生强烈湍流,其在进入火口上体燃烧前已进行了较充分的混合,为完全充分燃烧创造了条件。

图9-5所示为火口上体,是复合式火口的关键。火口上体还有两组降温系统,以避免因热传导和辐射造成火口变形。瓷管下半部受热弧度为180°,并以1:(10~15)的速度比与织物同方向转动,充分利

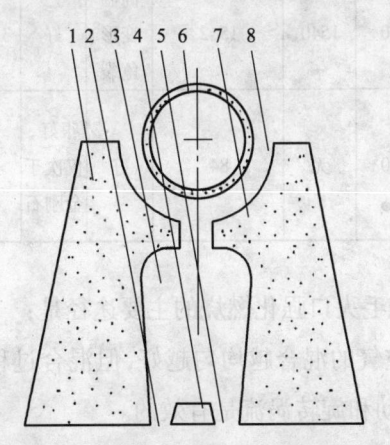

图 9-5 复合式火口上体

1,7—耐火砖　2—主射流喷口　3—第一燃烧室　4—整流键
5—次射流喷口　6—瓷管　8—第二燃烧室

用了瓷管的蓄热,并避免了热应力对瓷管的损坏。

② 碳化硅瓷管:新型陶瓷的出现,使烧毛火口的技术含量又跨进了一步。烧毛火口的材料过去一般都使用金属材料,如铸铁、普通钢铁、合金钢等。但高温部件要求具有抗氧化性能、变形小、导热性高、热稳定性好、热震性(骤冷骤热性能)好,这都是一般金属材料难以满足的。而无机陶瓷材料性能十分优越,因而人们利用超细粉真空烧结技术,制成了碳化硅陶瓷。其与铸铁、合金钢性能比较见表9–1。

表9–1 碳化硅陶瓷与铸铁、合金钢的性能比较

项目 材料	耐热度 (℃)	正常使用 温度(℃)	熔点 (℃)	800℃导热值 [W/(m·K)]	热震性	耐磨性	在接触烧 毛中的使 用寿命	备 注
耐热铸铁	950	850	1220	19.2	高温变形龟裂	较好	1~2月	700℃以上金相组织发生相变和位移
合金钢	1200	1000	1540	15.2	高温变形龟裂	好	3~6月	1100℃以上金相组织发生相变和位移
碳化硅陶瓷	2400	2000	无	84	好	很好,仅次于金刚石	>2000h	2600℃是其分解温度;不耐冲击,加热时瓷管不能停转

综上所述,烧毛火口强化燃烧的主要途径是:

(1)燃气和空气的混合越均匀越好,但混合过程比燃烧过程慢得多,因此,采用湍动和旋转涡流是有效的。

(2)尽可能提高预混气温度,这有利于燃烧反应,因此充分利用燃烧器的热能是合理的、经济的。

(3)空气系数 α 控制在 1.05~1.15 间较好,α 太小,供氧不足,燃

烧不完全；α太大，过多的空气会消耗热量，降低燃烧效果。

4.烧毛机主要经济技术指标的比较

气体烧毛机、老式接触烧毛机（铜板、圆筒）、新型接触烧毛机（金属油加热热板、电加热热板、电加热陶瓷圆筒）、复合式烧毛机（气体烧毛和接触烧毛兼具）主要经济技术指标的比较见表9-2。

表9-2 几种烧毛机的主要经济技术指标比较

烧毛机型 项目		气体烧毛机	老式接触烧毛机		新型接触烧毛机			复合式烧毛机（气体烧毛、接触烧毛兼具）
			铜板	圆筒	金属油加热热板	电加热热板	电加热陶瓷圆筒	
烧毛温度（℃）	工艺温度	800~1200	670~800		800~900			气体烧毛1200 接触烧毛800~900
	温差	较小	较大		很小			<8
使用热源		燃气	煤或重油（多数用煤）		60#汽油	工业用电		60#汽油
能源单耗（1000m）		5~8m³	9~22kg		4.48kg	62.5kW	16.67kW	3.21kg
品种适应性		一般品种均适应，但粗厚织物及低级棉烧毛效果不及接触烧毛	有利于去除棉结、杂质，特别适于粗厚织物，灯芯绒烧毛纹路清晰、绒面光洁。不适于稀薄织物、提花织物和化纤织物		有利于去除棉结、杂质，特别适于粗厚织物，灯芯绒烧毛纹路清晰、绒面光洁。不适于稀薄织物、提花织物和化纤织物			特别适于厚重织物和灯芯绒织物，稀薄织物、提花织物和化纤织物若能单用气体烧毛（不接触圆筒），品种适应性会更广
烧毛质量（级）		4	4		4~5			
生产准备时间		较短	较长,1.5~2h		升温时间快，约10min可达工艺温度			
环境条件		一般	差		较好			
劳动强度		较低	高		低			

三、注意事项

(1) 一定要弄清待烧坯布的纤维组分与组织规格。

(2) 对于不耐火焰高温的纤维织物烧毛火焰应温度低些。

(3) 接触式烧毛热板勿忘清除氧化层，高低不平面要磨平。

思考题

1. 天然纤维素纤维与再生纤维素纤维燃烧性能有何区别？

2. 大豆蛋白纤维与蚕蛹蛋白纤维在纤维织造组成上有何区别？这类织物烧毛应注意什么？

3. 合成纤维共有哪几类？它们的燃烧性有什么差异？含合成纤维与棉黏混纺织物烧毛时应注意什么？

4. 燃气烧毛与热板烧毛有何区别？含化纤的混纺织物为什么不适宜用热板烧毛机烧毛？

5. 接触式烧毛机有哪几类？对金属热板表面为什么要进行锉磨砂光处理？

6. 火口的种类有哪几种？为什么复合式火口是当前最好的火口？它有什么特点？

7. 烧毛火口强化燃烧有哪些具体措施？

8. 比较一下各种烧毛机的经济技术指标，看看哪种烧毛机质量好、节能、环境条件好、操作也方便？

第十章 烧毛进出布操作

第一节 烧毛进布

学习目标:能运转汽油汽化器并连续供气,能控制好燃气与空气的混合比,会测试火焰的温度。

一、操作技能
(1)能正常运转汽油汽化器,并连续供气。
(2)能控制燃气(包括汽化气)与空气的混合比。
(3)能用红外测温仪测试火焰温度。

二、相关知识
1. 汽油汽化器的结构、原理与作用

在没有城市燃气供应的地方,要用气体烧毛机烧毛时,可用汽油汽化器将液态汽油汽化成可燃气体供烧毛机用,汽油汽化器是最好的快速便捷的专用设备,人们乐于采用。汽油牌号较多,其主要组分为$C_4 \sim C_{12}$的烃类,是从无色至淡黄色易流动易燃烧的液体,沸点在40~200℃范围内,根据制造过程的不同又可分为直馏汽油、裂化汽油与合成汽油。烧毛用汽油系直馏汽油,其热值为46900kJ/m^3。汽油汽化器如图10-1所示。

汽化器储油容器内的汽油,经滤油器过滤后,进入内外转子式油

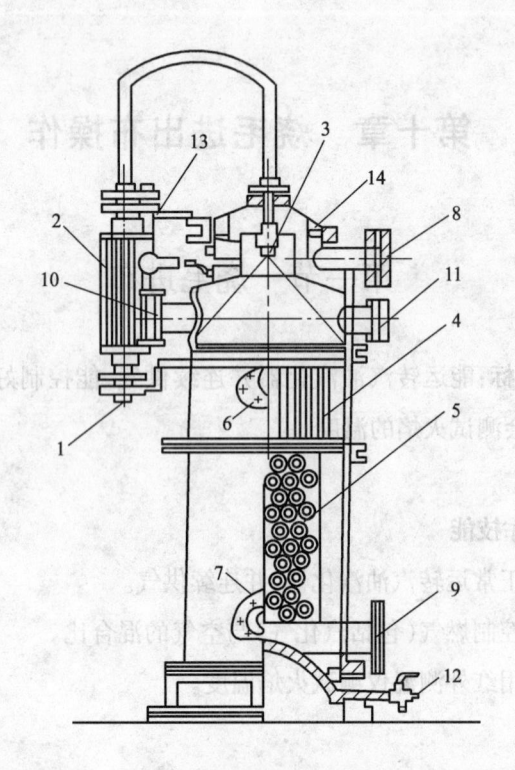

图 10-1 　汽油汽化器

1—进汽油口　2—浮子流量计　3—雾化喷头　4—列管式加热器
5—翅片式加热器　6—进蒸汽口　7—冷凝水　8—混合气出口　9—进风口
10—防爆膜　11—视孔　12—放油管　13—温度计　14—气液分离器

泵,通过流量计控制所需的油量;汽油被送入汽化器顶部雾化喷头后,汽油呈雾状喷下;大部分雾状汽油在列管式加热器表面被加热汽化;空气由鼓风机送入汽化器下部,通过翅片式加热器加热,温度升至70~80℃以上,热空气上升和汽化的汽油气以(30~80):1的比例混合,混合后的气体经过汽化器顶部的气液分离器分离水分后,被送往烧毛机使用。少量未汽化的油滴则回到列管式加热器上继续被加热汽化。供汽油汽化器用的加热蒸汽其蒸汽压力应为9.8~14.7Pa。

2. 汽油汽化器安全操作注意事项

使用汽油汽化器应事先检查管道、部件是否通畅,有无泄漏,进风阀、汽化气输出阀是否关闭,要排除管路中的冷凝汽油脚,备足储油桶的油量。运转时开蒸汽阀,排除冷凝水,控制压力在9.8~14.7Pa,然后启动风泵、油泵,控制汽油的流量,打开汽化器输出阀,使汽化气从火口喷出,随即点燃火口,调节风压使火口火焰呈青蓝色。停车时应先关油泵,待火熄后,继续开风泵2~3min,使残余汽油气排除干净,再关风泵,并关闭汽化器输出阀。汽化器的汽化室压力不宜过高,一般掌握在6.67kPa。

汽油汽化器应隔离火种,并使空气流通,以排除室内的汽油气。点火时应先将引火点燃,再开汽化器输出阀,否则,空气中的汽油气含量增加时易引起爆炸。

此外,还应定期校验蒸汽安全阀及防爆安全薄膜(防爆安全薄膜是0.4mm厚的聚四氟乙烯薄膜),防止爆炸事故。

3. 红外测温仪的使用方法

红外测温仪以手枪式测温仪使用最为方便,测试步骤如下:

① 将测温仪温度测量范围开关旋转到待测温度估计范围,铜板与圆筒烧毛机热板温度测试应为:700~900℃,燃气烧毛机温度测试应为900~1300℃。

② 在离火口火焰与热板赤热面(最好是垂直距离)2~3m距离内测试,手枪头对准待测温区,仪器显示指针指定的数字即为实际温度。

三、注意事项

(1)汽油汽化器应隔离火种,防止汽油气积聚多了引起火警事故。

(2)汽油汽化器一定要按规定的程序操作,否则汽化效果差,并可能造成汽油的浪费。

第二节　烧毛出布

学习目标:能控制轧液率,确保退浆效果。

一、操作技能

(1)按工艺要求控制好轧液率,达到退浆的要求。
(2)会操作浸轧机,控制好轧辊压力与轧液温度。

二、相关知识

平幅轧液机是印染厂应用最广最多的设备,它是由轧车、轧液槽、传动装置等主要部分组成的。根据用途可分为两大类。一类用来轧除织物中多余的水分,降低烘干时热能的消耗,装在烘燥机前,称为平幅轧水机。另一类则是在退煮漂过程中浸轧化学用剂处理液,使织物轧液均匀,保持一定的轧液率,称为轧液机。以下重点讨论轧液机。

1. 轧液机的作用及轧液均匀性

轧液机用于浸轧各种化学液体或染液,使它们在一定的轧液率下均匀分布于织物内。因此,对浸轧的要求比较高。织物经向的浸轧均匀度主要依赖浸轧工艺参数的稳定性,因此,要求在浸轧过程中,各种工艺参数以及轧车的工作状态都十分稳定。但织物纬向的均匀度,则主要与轧车轧液均匀度即与轧辊的结构有关。

织物纬向的轧液均匀度(以下简称轧液均匀度),用织物同一纬向上各点轧液率的相对误差来表示。在实际生产中,可以通过测定织物左、中、右三处轧点的轧液率加以比较。一般轧液均匀度应小于2%,如在2%~5%之间,可调整工艺条件予以弥补。但是,轧液均匀度大于5%时,则无法克服由此而造成的疵病。

测定织物轧液率的方法有多种,最常用的有织物条轧压法和复写纸压印法。织物条轧压法,是把条状织物分别置于轧辊的左、中、右三处,经轧压后,测定他们各自的轧液率,进行比较,算出轧液均匀度,如图10-2所示,这是一种定量测试法。复写纸压印法,是一种间接的静态测定法。把裁成条状的复写纸,用厚薄均匀的白报纸夹好,放入轧辊的左、中、右三处,轧压一定时间,拿出测量白报纸上印痕的宽度,就可比较出轧液均匀度,这是一种定性测试法。

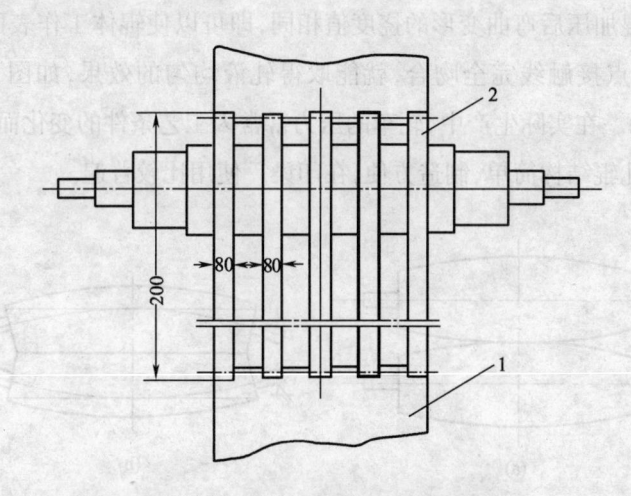

图10-2 织物条轧压法测试轧液率
1—导布 2—测试布条

2. 提高轧液均匀度的方法

影响轧液均匀度的因素很多,如轧压压力、轧辊表面硬度以及轧辊刚度等。而轧辊的刚度,是影响轧液均匀度的主要结构因素。因此,提高轧辊刚度是提高轧液均匀度的根本措施。但是,这又会造成整个轧车结构笨重,增加了能量的消耗和搬运安装的困难。

从轧辊结构考虑,在不过分增大其截面的前提下,尽可能减少轧辊的挠度,以提高轧液均匀度,是优化轧辊设计的重要课题之一。目前常采用的有中高轧辊、中支轧辊和中固轧辊等。

由于普通轧辊两端受集中载荷,辊体受均布载荷,易产生弯曲变形。这种弯曲变形,使轧辊间的线压力形成中间小两端大的分布,造成轧液不匀。图10-3(a)为中高轧辊结构示意图。这种轧辊的辊体做成中间大、两头小的橄榄状。由于辊体的直径中间大于两端,迫使中间线压力增加而两端线压力减小。如果中间的修正值选择合适,使它与轧辊加压后弯曲变形的挠度值相同,即可以使辊体工作表面均匀接触,轧点接触线完全吻合,就能取得轧液均匀的效果,如图10-3(b)所示。在实际生产中,轧车的压力常常因工艺条件的变化而变化。但这种轧辊结构简单,制造方便,在印染厂使用比较普遍。

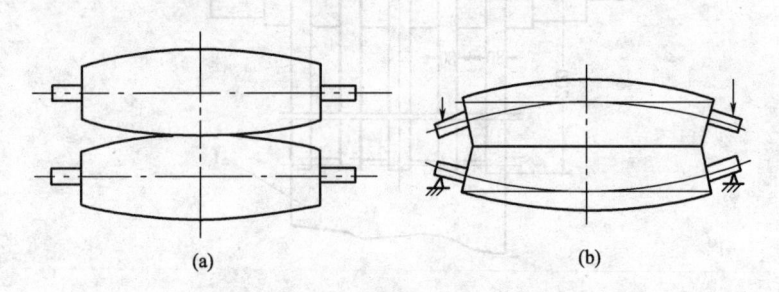

图10-3 中高轧辊结构示意图

图10-4为中支轧辊结构示意图。这种轧辊辊体的支点内移,相当于减小了房梁的跨距。在同样的载荷条件下,挠度减小,即减小了轧液的不均匀度。

图10-5为中固轧辊结构示意图,其中L为轧辊两轴承中心距,l

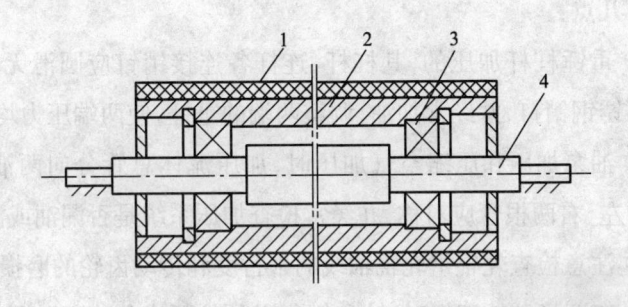

图 10-4 中支轧辊结构示意图

1—橡胶层 2—辊体 3—轴承 4—辊轴

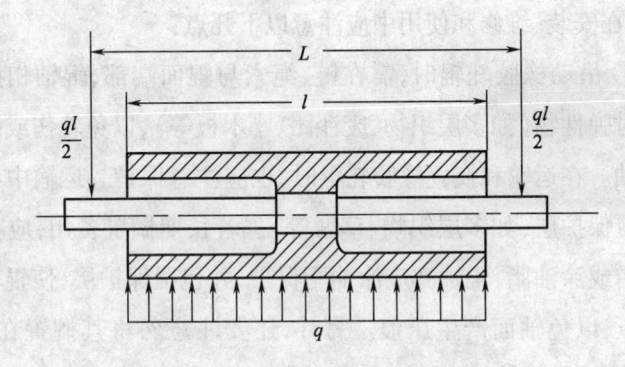

图 10-5 中固轧辊结构示意图

为轧辊面公称宽度，q 为轧点线压力。其辊体仅中部一段与辊轴紧固连接。中固轧辊的挠度最大值只有普通轧辊的 $\frac{1}{4} \sim \frac{1}{3}$，这对提高轧液均匀度有一定的效果。

值得一提的是，中支轧辊和中固轧辊的加工和装配要求都比较高，而且都只是在一定程度上提高了轧液均匀度。

3. 轧液机的使用和维护注意事项

（1）防止轧液辊左右加压不匀：为防止轧液辊左右加压不匀，应注

印染烧毛工

意以下几点：

① 重锤杠杆加压的，其杠杆、连杆各连接销钉应圆滑无锈，最好采用不锈钢销钉，并经常加油，调整两端的重锤，使两端压力均匀。

② 油泵加压和压缩空气加压时，加压流体总管分向两油缸或两气缸的左、右两根管应对称，并经常检查加压系统是否漏油或漏气。

③ 注意检查轧辊组轧辊轴线的平行度和传动齿轮的磨损程度。

④ 车磨橡胶轧液辊时，轴向辊径必须按要求加工。使用中，注意检查辊面的磨损情况。

（2）轧液机的安装、维修和使用注意事项：为了延长橡胶辊的使用寿命，在安装、维修和使用中应注意以下几点：

① 吊动橡胶轧辊时，需在链、绳索与辊面端部、辊轴相接触的部位填衬弹性物（如多层织物、废沙团、厚木板等），以免轧伤或磨损辊面和辊轴。在运输和搁置橡胶轧辊时，也应注意保护。运输中必须在辊面包覆保护层（如多层织物、草席等）。若长期搁置备用，应在金属辊面涂蜡或涂油脂，辊轴亦应涂油脂保护，并包覆保护层，使辊轴支搁而不叠压，以免轴面产生压痕。另外，还要注意勿将其搁置在高温、低温、日光晒和易接触腐蚀性物质之处，以防止加速橡胶辊的老化。

② 加压运转前，应仔细检查轧液辊辊面、轧点及轧液槽内有无金属屑粒和其他硬物（如小螺钉、垫圈等），以免压入轧点损坏辊面和轧伤织物。在运转中也应经常注意检查。

③ 应根据使用条件（如耐高温、耐腐蚀性等），选用适宜的橡胶轧辊。

④ 加压时，总压力不应超过该设备允许的最大压力。

⑤ 不使轧辊轴承的润滑油沾污轧辊辊端的辊面。

⑥ 运转结束后，应使轧辊组各辊脱离接触，以免橡胶轧辊受压产

生压痕。冬季休息日应在橡胶辊辊面包覆多层织物或草帘,轧液槽内及夹套内放尽存液,以防冻裂。

⑦ 进行辊面清洁工作时,不能使用刮刀等工具,以免刮伤辊面。同时也不能用油类揩擦辊面。

⑧ 应定期检查气动元件中的油雾器(注油器),防止缺油或停止滴油。每天打开分水滤气器放水阀 1~2 次,将积存污水放尽。滤气器的过滤杯及存水杯要定期清洗。

⑨ 减速箱润滑器应保持规定的液位并定期更换,保持清洁。

⑩ 各种传动部分及滚动轴承应经常保持良好的润滑。

思考题

1. 汽油汽化器的结构、原理与作用是什么?
2. 汽油汽化器怎样操作才能安全可靠?
3. 使用与安装轧液机时有哪些注意事项?

第十一章 烧毛运行操作

第一节 工艺控制

学习目标:掌握染前、染后、中间烧毛等特殊烧毛工艺,确保烧毛匀净、品质优良。

一、操作技能

根据生产指定书的要求,落实染前、染后与中间烧毛等特殊烧毛工艺。

二、相关知识

1. 印染前处理烧毛特殊工艺概况

涤棉混纺织物是采用化学浆聚乙烯醇(PVA)为主配制的混合浆,上浆率中等。这种浆料浆过纱的织物,如果采用正常工艺先烧毛再退煮漂的话,PVA经过高温烧毛时,其分子结构会发生变化,分子的结晶度变大,溶解度降低,将给退煮漂工艺造成相当大的困难,这时就可先退浆煮练,将结晶度未增大的PVA去净后再烧毛,这就是染前中间烧毛。

涤纶的燃烧性前已述及,含涤纶等化纤的织物高温烧毛时,稍有不慎就会在绒毛末梢形成熔融小球,小球在分散染料浸染(包括卷染与高温高压染色)过程中就会形成深色小色点,影响织物外观,造成大量次布。为彻底解决这一问题,人们将烧毛改在染色后进行,这就是染色后的烧毛工艺。

2. 涤棉混纺织物气体烧毛注意事项

（1）火口要求：织物表面绒毛是由伸露在织物表面的纤维末端所形成的。棉和黏胶纤维织物的表面绒毛较易灼除，但合成纤维，尤其是聚酯纤维的灼除情况却稍有不同。因为聚酯纤维在240~250℃时熔融，而在480~490℃时燃烧，并且它虽也能被火焰点燃，但一离开火焰很快就会中止燃烧。所以，必须有足够的热能迅速地传给它，并越过其熔点加热到燃烧温度，使聚酯纤维织物的表面绒毛完全燃烧。否则，如果火口供给热能不足或供给热能速度太缓慢，聚酯纤维熔融过程首先到来，则纤维将收缩而不能完全燃烧，从而在织物表面产生熔球，染色后将成为深色点疵布。据此，涤棉混纺织物烧毛时，烧毛火口应具有下列必要条件：

① 用高热能火焰迅速传向织物烧毛而不使纤维熔融。

② 火焰热量必须均匀一致，以防产生烧斑。

③ 必须使火焰与织物接触时间减到最少，烧毛后应迅速地去除布身的热能（每只火口配两只冷水冷却导布辊），以防织物本身热损伤而产生过烧。

（2）火焰与织物的接触位置要适宜：对烧毛热能敏感的聚酯纤维及其混纺织物，火焰与织物的接触位置应适宜，以防织物受到热损伤。

（3）织物烧毛后的冷却：为预防涤棉混纺织物烧毛后干态折叠堆置产生折痕，在织物进入出布装置前应先经冷水冷却辊或喷风装置冷却，使出布温度不超过50℃。

第二节 质量控制

学习目标：控制全机平稳运转，及时处理烧毛不匀、条花等质量问题,确保烧毛质量良好。

一、操作技能

(1)控制全机平稳均衡运转,确保火焰与热板温度达标。

(2)能处理火口火焰与热板温度不足、不匀造成的烧毛条花、烧毛不匀等质量问题。

二、相关知识

1. 烧毛常见疵点产生的原因与纠正方法

烧毛常见疵点产生的原因与纠正方法见本书第八章。

2. 本机台生产运行注意事项

(1)开车前作全机检查,包括吸边器、刷毛箱、灭火箱、火口、冷水辊、打卷机等部件是否正常;并在传动轴承部位添加润滑油,常温部件加机油,高温部件加汽缸油,火口处加高温有机润滑油。运转轴承有了良好的润滑,才能保证机台平稳均衡运转。

(2)开车时调控好燃气与空气阀门的大小,必须使它们的混合比达标,保证火焰的高度与温度达标。当火焰呈光亮青蓝色并平稳燃烧时即为正常燃烧。当火焰呈橙黄色时则为空气量不足。而当蓝色火焰过短而又不稳定时则为空气量过大。后两种火焰均为不正常火焰,必须调节至呈光亮青蓝色为止。

(3)必须经常检查织物的幅度收缩情况与手感变化,若发现幅度收缩过多,手感也较粗糙,则应及时调节火焰大小或提高运转布速,以防织物受损。

(4)注意导布冷水辊有无冷水流动,无水流动,则冷水辊升温很快,起不到冷却作用,会导致织物升温过快,这将直接影响织物手感与内在质量,特别是化纤织物更甚。

(5)随时注意燃气压力表显示的压力,压力有波动就应调节燃气阀门,保持供气稳定。最好装一台稳压器,可以很方便地保持压力稳定。只有燃气压力稳定了才能使火口的火焰高度与温度稳定下来。

(6)经常检查刷毛箱、灭火箱或浸渍槽的运转情况。必须控制刷毛箱的张力,使其适合不同组织规格织物的刷毛;不宜刷毛的织物则要摇开刷毛辊与金刚砂辊。灭火箱是否有效灭火,浸渍槽有无退浆液,这两项都与产品质量关系密切,应随时检查。

第三节 设备保养

学习目标: 能判断火口的使用程度,并能拆装清洁火口,亦能排除常见的机械故障。

一、操作技能

(1)能判断燃气火口的变形程度。

(2)能拆装与清洁燃气火口。

(3)能排除常见的机械与操作故障。

二、相关知识

1. 常见的操作与机械故障排除方法

(1)开车点火时点不着火:

① 造成原因:风量过大,把燃气吹散了;燃气供气量不够,无法点燃。

② 排除方法:风管进风阀门稍开小些,减少风量;燃气阀门开大

些,提高供气量。

(2)烧毛机布速突然慢下来:

① 造成原因:气动加压辊由于气压降低造成轧点压力松弛拉不动布,严重时造成烧布火警事故;轧车主电动机传动故障。

② 排除方法:调整气压轧车供气压力,维持原有压力标准,使轧点压紧就可拉动布了;检查电器柜内接触器等是否烧坏,检查电动机是否过热,若过热,则要进一步查三相电是否连接正常。

(3)干落布时织物带火星,造成烧焦破洞:

① 造成原因:灭火箱未能很好发挥作用,不是喷气或喷水管道堵塞就是操作失误。

② 排除方法:检修管路,消除堵塞,使喷管有蒸汽或水雾喷出。注意灭火箱蒸汽与水管阀门开启大小。

(4)火焰失调,焰温下降影响烧毛:

① 造成原因:未装稳压器的烧毛机燃气压力突然下降。

② 排除方法:加装稳压器。在未装前要随时注意燃气压力、风压与车速这些动态指标,使其相互协调。

(5)使用汽油汽化器的烧毛机耗油量过大:

① 造成原因:汽油汽化温度低;汽化气输送管保温性差;助燃空气温度低;对汽油汽化器进行了不恰当操作。

② 排除方法:按汽油汽化器操作规程操作,务必使各部位与其工作参数符合规定和标准。

(6)点火时爆炸燃烧:

① 造成原因:火口供给燃气空气混合气后,未能及时点火,大量燃气与空气混合气滞留火口,并冲击火口,这时点火极易爆炸。

② 排除方法:根据燃烧规律进行操作,也就是边供给燃气与空气

混合气,边立即电子点火,火口火焰点着后立即调整火焰至正常,要求焰高与温度均达到工艺规定。这样就可避免爆炸了。

(7)织物烧毛过度:

① 造成原因:火口火焰与热板表面温度太高,布速较慢,织物与火焰接触时间过长或与热板接触面过大,热量已达到纤维内部,造成织物内在质量损伤。

② 排除方法:降低火焰与热板温度;调整摆动架上四个升降螺丝,减小接触面;提高织物运行速度。

(8)烧毛条花:

① 造成原因:火口有效幅度内火焰有缺口;进入火口的织物有经向褶皱。

② 排除方法:用专用长柄工具通火口,使缺口处重新喷出火焰即可;进入烧毛机的布一定要平整,不能有褶皱。

(9)烧毛不净与左右不一:

① 造成原因:火口火焰、热板或圆筒表面局部温度低;布速过快,左右偏移;织物与热板接触面过小。

② 排除方法:提高火焰、热板或圆筒表面温度,并使左、中、右温度一致;调低布速并使布在火口中间部位至烧毛匀净为止;增大织物与热板的接触面。

(10)织物边上未烧毛:

① 造成原因:调换宽幅品种时未能及时调宽火口火焰幅度。

② 改进方法:在目前条件下烧毛火口的火焰幅度可采用有效自动控制技术来解决。下页图为有效自控火焰幅度示意图。

该系统采用光电传感器检测进入烧毛机加工的坯布宽度值,检测值送入计算机控制系统,与设定幅值比较,系统按差值自动控制压缩

印染烧毛工

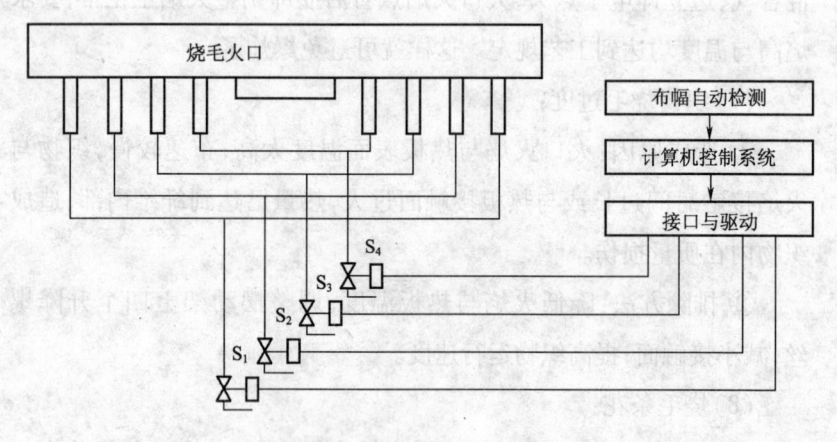

有效自控火焰幅度示意图

空气两位阀 $S_1 \sim S_4$，同时相应调节罗茨鼓风机的转速，控制火焰的强度。系统经接口驱动电路指令 S_4 电磁阀开启，这时火焰宽度为 1050mm；当 S_3、S_4 开启时，火焰宽度为 1300mm；S_2、S_3、S_4 开启时，火焰宽度为 1550mm；阀门 $S_1 \sim S_4$ 全部开启时，火焰宽度为 1800mm；而阀门全部关闭时，火焰宽度为 600mm。由此可见，只需根据经常加工的织物幅宽制定级间宽度，使被加工坯布在有效火焰区域内通过就能保证烧毛质量，同时坯宽外无用火焰最窄，从而有效节约了燃气。

第四节 设备管理

学习目标：掌握各类烧毛机的平修要点、验收标准与技能。

一、操作技能

（1）能对燃气烧毛机进行平修后的验收。

（2）能对接触烧毛的铜板与圆筒金属表面进行修复。

二、相关知识

1. 烧毛机平修后的验收标准

(1) 用长直尺与线垂检查从进布至出布每个单元机架 X 轴向的中心连线是否在总 Y 轴向同一直线上,即进布架、刷毛箱、烧毛装置、导布冷却辊、灭火箱、浸渍槽轧车等机架的 X 轴向的中心连线是否与总 Y 轴直线重合,这是平车后验收的重要标准之一。

(2) 将方水平仪搁在从进布至出布各单元机架不同的导辊上测量水平度,导辊水平度标准为 $\leq 0.1/1000mm$。

(3) 用方水平仪测量各只机架左右轴承滑道的 X 轴、Y 轴向垂直度应 $\leq 0.1/1000mm$。

(4) 用钢卷尺测量导布辊间的平行度,两边误差应 $\leq 1\sim 1.5/1000mm$。

2. 冷车试运转

(1) 首先检查电器控制柜各按旋钮开关是否正常有效。

(2) 检查传动装置是否正常,安全防护装置是否齐全,符合要求。

(3) 准备好一车布 $(1200\sim 1800m)$,正式冷车试运转,具体操作如下:

① 开车前先发出信号,提醒试车人员注意,避免发生事故。

② 启动电动机慢速起步运转,看有无震动杂声,或其他不正常现象,若有要修理。

③ 放下轧车轧辊,慢速使导布带通过,正式坯布上车后将车速提高至 $60\sim 80m/min$,检查是否正常,若正常则可点火烧毛。调节火焰高度与温度达标。看全幅火焰均匀一致否?不一致则要调节。

④ 调整刷毛箱内毛刷辊、金刚砂辊与织物的张力,看操作便利否?有无滑动现象?若有要修理。

⑤ 看灭火箱的灭火效果。若达不到要求则要修复。

⑥ 浸渍槽水阀与蒸汽阀正常否？不正常要修复。

⑦ 轧车压力应达到工艺要求。要保证退浆时的轧液率，则必须能让操作者自由控制。

⑧ 全机所有仪表，包括车速表、燃气压力表、空气压力表、蒸汽压力表、压缩空气压力表以及火焰与热板表面的温度检测表是否正常，若有失效情况则必须修好，这对操作者掌握烧毛质量至关重要，绝不能马虎。

3. 烧毛机各单元主要部件三位检定法

所谓三位检定法，即是主要部件的水平、垂直与平行三种位置的检定法。就烧毛机而言是指主要部件：卷布车、轧车、灭火箱、火口、导布冷却辊、刷毛箱与进出布装置等的水平、垂直与平行检定法。这些主要部件的三种位置都标准化了，可评定新的烧毛机安装质量一流，或老烧毛机平车质量一流，一流的机器加上操作者认真操作，就能完成一流的烧毛任务。三位检定法的具体操作如下：

（1）水平检定法是用直尺加水平仪表测量的，看水平仪水泡位置是否居中，不居中则调整至居中，看低的一边垫上多少毫米才平，就知道左右差距了。

（2）垂直检定法则是用直角三角尺来测量的，直角一边紧贴部件，另一边也紧贴，则是标准的垂直状态，如果一边紧贴一边离开不少，就是说直角变钝角了，钝角越大则偏差越大，必须调整位置呈直角。

（3）平行检定法主要是指导布辊之间的平行度，平行度差的导布辊运转中织物易起皱、跑偏，导辊间的平行度要求越平行越好。测量导辊间的平行度最简单易行的方法就是用钢皮尺圈住两根导辊，钢皮尺要与导辊垂直，测量导辊两头钢皮尺圈的长度，如果两钢皮尺的圈距一样,没有差异,说明导辊平行度良好,如果有差异,说明导辊平行度不良,差异越大,平行度越差。这时必须调整导辊一端的位置。

思考题

1. 印染前处理有几种特殊烧毛工艺?特殊在哪里?
2. 烧毛机生产的注意事项有哪些?
3. 烧毛机的常见操作与机械故障有哪些?
4. 烧毛机平修后的验收标准有哪些?
5. 烧毛机各组成单元部件三位检定法有哪些内容?

第十二章 培训与指导

第一节 培 训

学习目标:掌握对初、中级工进行技术培训的工艺理论知识,能针对不同纤维织物制定相应的烧毛工艺,并能阐明制定的理由。

一、操作技能

(1)学习印染烧毛工的职业标准。

(2)掌握参加培训的初、中级工的实际情况,包括文化程度、何时参加印染厂工作,是什么工种。

(3)编制培训计划,包括培训目标与具体要求,课时安排,参考书目等。

(4)培训结束时必须进行口试或笔试。

二、相关知识

1. 培训教学的基本方法

教学方法包括教与学两个方面的方法,也是教与学的互动过程,是教与学的辩证统一。教学方法是完成教学目标与任务的保证。通过教学既要传授知识,又要激励学员的学习热情,争取在培训的短时间内达到既定的学习目标。通过实践培训应掌握的教学方法有:

(1)讲授法:培训教师通过口头语言,全面系统地向学员讲授知

识,讲授法的基本要求是:

① 讲授的内容要有科学性、系统性与逻辑性。

② 启发式的讲授,讲授的内容要通俗易懂,容易理解,讲授者应善于板书,还要鼓励学员多提问,多问为什么。

(2)讨论法:学员在教师的启发指导下,对某个问题、某项工艺发表自己的看法,相互启发学习,最终统一认识,做好小结或总结,达到提高的目的。切忌一言堂,一定要调动学员的积极性,发挥出主观能动性,只有这样才能展得开、深得下去、学得透。

2. 培训计划的编制

应根据国家职业标准初、中级工的内容来编制培训计划,培训计划应包括培训目标、课程设置与教学进度等项目。

(1)培训目标:达到初、中级工要求掌握的烧毛工艺知识、机械设备知识,能够顺利、熟练地进行烧毛工序的各项操作,能处理生产中遇到的机械故障与质量问题。

(2)课程设置:确定培训目标后应合理安排教学课程,这些课程的侧重点应明确指出。初、中级工可以合并上课。

第二节 指 导

学习目标:能指导初、中级工对烧毛机进行全机运转操作,并能指导处理烧毛机各种机械故障和烧毛质量问题。

一、操作技能

(1)烧毛机清洁工作的重点部位。

(2)烧毛机运转操作程序。

(3)烧毛机常见故障处理技能。

二、相关知识

1. 实际操作前的准备阶段

准备阶段应做好两件事:一件是清洁工作,学员必须掌握烧毛机清洁的重点部位。另一件事则是穿头引布,必须按规定的顺序穿过每一只导辊,绝不能错穿或漏穿导辊,错穿或漏穿都可能酿成事故。

2. 实际操作阶段

穿头引布结束即可进入实际操作阶段,这时先重温运转控制的操作程序,待烧毛织物的烧毛工艺等确认熟悉无误后即可进行实际烧毛,这样就能顺利达到烧毛要求。创造机会多练习,初、中级工即可在实践中得到锻炼,掌握烧毛机的实际操作。

参考文献

[1] 人力资源和社会保障部教材办公室.职业道德[M].2版.北京:中国劳动社会保障出版社,2009.

[2] 王易,邱吉.职业道德[M].北京:中国人民大学出版社,2009.

[3] 傅桂英.对新形势下加强企业职业道德建设的思考[J].山西经济管理干部学院学报,2006(9):17-18.

[4] 王壮.行业自律与企业职业道德建设[J].山东社会科学,2002(6):127-128.

[5] 张鹏.印染生产管理[M].上海:东华大学出版社,2009.

[6] 姜怀.生态纺织的构建与评价[M].上海:东华大学出版社,2005.

[7] 中国标准研究中心.GB/T 28001—2001 职业健康安全管理体系规范[S].北京:中国标准出版社,2001.

[8] 黄进.GB/T 28001 职业健康安全管理体系实施精要[S].北京:中国标准出版社,2005.

[9] 中国安全生产协会.AQ/T 9006—2010 企业安全生产标准化基本规范.北京:中国标准出版社,2010.

[10] 田水承,景国勋.安全管理学[M].北京:机械工业出版社,2009.

[11] 中国安全生产协会注册安全工程师工作委员会.安全生产管理知识(2008年版)[M].北京:中国大百科全书出版社,2008.

[12] 中国安全生产协会注册安全工程师工作委员会.安全生产法及相关法律知识(2008年版)[M].北京:中国大百科全书出版社,2008.

[13] 张应立,张莉.工业企业防火防爆[M].北京:中国电力出版社,2003.

[14] 王丽琼.防火防爆技术基础[M].北京:北京理工大学出版社,2009.

[15] 康青春,贾立军.防火防爆技术[M].北京:化学工业出版社,2008.

[16] 杨泗霖.防火与防爆[M].北京:首都经济贸易大学出版社,2000.

印染烧毛工

[17]《防火防爆安全便携手册》编写组.防火防爆安全便携手册[M].北京:机械工业出版社,2006.

[18]杨遇真.防火防爆知识讲座(一)[J].安全,1993(2):11-15.

[19]杨遇真.防火防爆知识讲座(二)[J].安全,1993(3):14-16.

[20]杨遇真.防火防爆知识讲座(三)[J].安全,1993(4):13-15.

[21]杨遇真.防火防爆知识讲座(四)[J].安全,1993(5):14-18.

[22]中国纺织工业协会产业部.生态纺织品标准[M].北京:中国纺织出版社,2003.

[23]陶乃杰.染整工程(第一册)[M].北京:纺织工业出版社,1991.

[24]江圣义,方元祥.印染机械(上册)[M].北京:纺织工业出版社,1982.

[25]江圣义,方元祥.印染机械(下册)[M].北京:纺织工业出版社,1985.

[26]冯开隽,薛嘉栋.印染前处理[M].北京:中国纺织出版社,2006.

[27]上海棉纺织工业公司编写组.棉织手册[M].北京:纺织工业出版社,1977.

[28]廖选亭.染整设备[M].北京:中国纺织出版社,2006.

[29]曾渝基.家庭燃气用具安全使用手册[M].北京:人民邮电出版社,2001.

[30]再就业培训教材编写委员会.家用燃气炉具修理工[M].北京:中国劳动出版社,1999.

[31]R.普利查德.燃气应用技术[M].刘麟贞,译.北京:中国建筑工业出版社,1983.

[32]吴立.染整工艺设备[M].北京:中国纺织出版社,1993.

[33]李青山.纺织纤维鉴别手册[M].北京:中国纺织出版社,1996.

[34]瞿才新,张荣华.纺织材料基础[M].北京:中国纺织出版社,2004.

[35]陈任重.染整设备[M].北京:纺织工业出版社,1990.

[36]陈立秋.新型染整工艺设备[M].北京:中国纺织出版社,2002.

[37]蔡陛霞.织物结构与设计[M].北京:中国纺织出版社,2004.

推荐图书书目：轻化工程类

书 名	作 者	定价（元）

国家职业标准

书名	作者	定价
印染雕刻制版工	劳动和社会保障部制定	12.00
印染染化料配制工	劳动和社会保障部制定	12.00
印染丝光工	劳动和社会保障部制定	11.00
印染烘干工	劳动和社会保障部制定	10.00
印染后整理工	劳动和社会保障部制定	11.00
印染洗涤工	劳动和社会保障部制定	10.00
印染工艺检验工	劳动和社会保障部制定	10.00
印染成品定等装潢工	劳动和社会保障部制定	11.00
印染定型工	劳动和社会保障部制定	10.00
印染烧毛工	劳动和社会保障部制定	10.00
印花工	劳动和社会保障部制定	14.00
煮炼漂工	劳动和社会保障部制定	11.00
纺织染色工	劳动和社会保障部制定	10.00

【印染技工培训教材】

书名	作者	定价
印染行业染化料配制工（印花）操作指南	中国印染行业协会	25.00

高职、高专教材

【"十一五"规划教材】

书名	作者	定价
产业用纺织品	张玉惕 主编	39.00
染整技术实验（国家级）	蔡苏英 主编	38.00
印染 CAD/CAM（部委级，附光盘）	宋秀芬 主编	35.00
染整工艺设计（部委级，附光盘）	李锦华 主编	38.00
纺织品服用性能与功能（部委级，附光盘）	张玉惕 主编	32.00
染整技术（第一册）（国家级，附光盘）	林细姣 主编	35.00
染整技术（第二册）（国家级，附光盘）	沈志平 主编	34.00
染整技术（第三册）（国家级，附光盘）	王 宏 主编	30.00
染整技术（第四册）（国家级，附光盘）	林 杰 主编	32.00
纤维化学及面料（国家级，附光盘）	杭伟明 主编	28.00
纺织应用化学与实验（国家级，附光盘）	伍天荣 主编	36.00
印染产品质量控制（第二版）（部委级）	曹修平 等	25.00
染料生产技术概论（部委级，附光盘）	于松华	32.00

推荐图书书目：轻化工程类

	书 名	作 者		定价(元)
高职、高专教材	基础化学(第二版)(下册)(部委级,附光盘)	刘妙丽		34.00
	印染概论(第二版)(国家级,附光盘)	郑光洪		32.00
	染整废水处理(国家级,附光盘)	王淑荣	主编	30.00
	染料化学(国家级)	路艳华	主编	30.00
	染整专业英语(国家级,附光盘)	伏宏彬	主编	33.00
	染整设备(国家级)	廖选亭	主编	32.00
	染色打样实训	杨秀稳	主编	39.80
	蛋白质纤维制品的染整(第2版)(部委级)	杭伟明	等	29.80
	纺织染专业英语(第4版)(部委级)	罗巨涛	等	35.00
	【"十五"规划教材】(部委级)			
	基础化学(上册)	戴桦根	主编	35.00
	针织物染整工艺学	李晓春	主编	45.00
	【21世纪职业教育重点专业教材】			
	纤维素纤维制品的染整	朱世林	等	20.00
	合成纤维及混纺纤维制品的染整	罗巨涛	等	30.00
	纺织品印花	李晓春	等	28.00
	【其他】			
	染整工程(一、二、三、四)	陶乃杰		26.00/18.00/28.00/20.00
	化学纤维概论(第二版)	肖长发		32.00
中等职业教育教材	无机化学	张金兴		28.00
	分析化学	陈勇麟		28.00
	染整工艺学(一)(第二版)	夏建明	等	34.00
	染整工艺学(二)(第二版)	杨静新	等	28.00
	染整工艺学(三)(第二版)	蔡苏英	等	28.00
	染整工艺学(四)(第二版)	王 宏	等	26.00

推荐图书书目：轻化工程类

	书　名	作　者	定价(元)
职工培训教材	**【印染职工技术读本】**		
	染色	上海印染行业协会	28.00
	织物染整基础	上海印染行业协会	26.00
	印染前处理	上海印染行业协会	30.00
	印花	上海印染行业协会	28.00
	雕刻与制版	上海印染行业协会	26.00
	整装	上海印染行业协会	32.00
	【其他】		
	染料化学基础	赵雅琴　魏玉娟	26.00
	纺织材料基础	瞿才新　等	22.00
生产技术书	**【Dyeing 系列】**		
	纺织品印花 32 问	曾林泉	36.00
	织物仿色打样实用技术	崔浩然	38.00
	圆网印花机的应用	佶龙机械工业有限公司	32.00
	纺织品整理 365 问	曾林泉	36.00
	羊毛染色	天津德凯化工股份有限公司译	98.00
	活性染料染色技术	宋心远	78.00
	涤纶及其混纺织物染整加工	贺良震	36.00
	机织物浸染实用技术	崔浩然	48.00
	染整生产疑难问题解答（第 2 版）	唐育民	38.00
	【印染新技术丛书】		
	纺织品染色常见问题及防治	曾林泉	30.00
	服装印花及整理技术 500 问	薛迪庚	32.00
	筒子（经轴）染色生产技术	童耀辉	28.00
	纺织品清洁染整加工技术	吴赞敏	30.00
	功能纺织品	商成杰	40.00
	印染技术 500 问	薛迪庚　等	32.00
	染整生产疑难问题解答	唐育民	30.00

推荐图书书目：轻化工程类

	书　名	作　者	定价(元)
生产技术书	印染废水处理技术	朱　虹　等	30.00
	纱线筒子染色工程	邹　衡	35.00
	筛网印花	胡平藩　等	36.00
	天然彩色棉的基础和应用	张　镁　等	30.00
	织物涂层技术	罗瑞林	38.00
	织物抗皱整理	陈克宁　等	28.00
	染整试化验	林细姣	35.00
	染整工业自动化	陈立秋	38.00
	数字喷墨印花技术	房宽峻	32.00
	【织物染整技术丛书】		
	毛织物染整技术	上海毛麻研究所	32.00
	针织物染整技术	范雪荣	35.00
	含氨纶弹性织物染整	徐谷仓　等	30.00
	新型纤维及织物染整	宋心远	36.00
	【染整新技术丛书】		
	染整新技术问答	周宏湘　等	22.00
	新合纤染整	宋心远	18.00
	织物的功能整理	薛迪庚	15.00
	【纺织新技术书库】		
	竹纤维及其产品加工技术	张世源	36.00
	生态家用纺织品	张敏民	28.00
	纺织上浆疑难问题解答	周永元　等	32.00
	等离子体清洁技术在纺织印染中的应用	陈杰瑢	32.00
	涂料印染技术	余一鹗	24.00
	双组分纤维纺织品的染色	唐人成　等	42.00
	纺织浆料学	周永元	38.00
	腈纶生产工艺及应用	[美]JAMES C. MASSON	40.00
	染整节能	徐谷仓　等	25.00
	纺织品生态加工技术	房宽峻	18.00
	Lyocell 纺织品染整加工技术	唐人成　等	28.00
	生态纺织品与环保染化料	陈荣圻　等	35.00

推荐图书书目：轻化工程类

	书 名	作 者	定价(元)
生产技术书	酶在纺织中的应用	周文龙	28.00
	新型染整工艺设备	陈立秋	42.00
	新型染整助剂手册	商成杰	30.00
	染整助剂新品种应用及开发	陈胜慧 等	35.00
	纺织品印花实用技术	王授伦 等	28.00
	特种功能纺织品的开发	王树根 等	26.00
	纺织新材料及其识别	邢声远 等	27.00
	功能纤维与智能材料	高 洁 等	28.00
【其他】			
	创意手工染	凯特·布鲁特	58.00
	印染企业管理手册	无锡市明仁纺织印染有限公司	35.00

注 若本书目中的价格与成书价格不同，则以成书价格为准。中国纺织出版社图书营销中心函购电话：(010)64168110。或登录我们的网站查询最新书目：

中国纺织出版社网址：www.c-textilep.com

中国国际贸易促进委员会纺织行业分会

中国国际贸易促进委员会纺织行业分会成立于1988年,成立以来,致力于促进中国和世界各国(地区)纺织服装业的贸易往来和经济技术合作,立足为纺织行业服务,为企业服务,以我们高质量的工作促进纺织行业的不断发展。

➢ 简况

■ 每年举办(或参与)约20个国际展览会
涵盖纺织服装完整产业链,在中国北京、上海和美国、欧洲、俄罗斯、东南亚、日本等地举办
■ 广泛的国际联络网
与全球近百家纺织服装界的协会和贸易商会保持联络
■ 业内外会员单位2000多家
涵盖纺织服装全行业,以外向型企业为主
■ 纺织贸促网www.ccpittex.com
中英文,内容专业、全面,与几十家业内外网络链接
■ 《纺织贸促》月刊
已创刊十七年,内容以经贸信息、协助企业开拓市场为主线
■ 中国纺织法律服务网www.cntextilelaw.com
专业、高质量的服务

➢ 业务项目概览

➢ 中国国际纺织机械展览会(每两年一届)
➢ 中国国际纺织面料及辅料博览会(每年分春夏、秋冬两届,分别在北京、上海举办)
➢ 中国国际家用纺织品及辅料博览会(每年举办一届)
➢ 中国国际服装服饰博览会(每年举办一届)
➢ 中国国际产业用纺织品及非织造布展览会(每两年一届,逢双数年举办)
➢ 中国国际纺织纱线展览会(每年举办一届)
➢ 中国纺织品服装贸易展览会(美国纽约)(每年6月份在美国纽约举办)
➢ 中国纺织品服装贸易展览会(德国)(每年在德国举办)
➢ 组织中国服装企业到美国、日本、欧洲及亚洲等其他地区参加各种展览会
➢ 组织纺织服装行业的各种国际会议、研讨会
➢ 纺织服装业国际贸易和投资环境研究、信息咨询服务
➢ 纺织服装业法律服务

更多相关信息请点击纺织贸促网www.ccpittex.com